澜湄环境合作系列丛书

澜沧江－湄公河国家
落实 2030 年
可持续发展议程的评估与展望

李 霞 李永红 梁莎莎 侯桂红／编著

中国环境出版集团·北京

图书在版编目（CIP）数据

澜沧江 – 湄公河国家落实 2030 年可持续发展议程的评估与展望 / 李霞等编著 . –– 北京：中国环境出版集团，2020.10

（澜湄环境合作系列丛书）

ISBN 978-7-5111-4468-3

Ⅰ. ①澜…　Ⅱ. ①李…　Ⅲ. ①可持续性发展—研究—中国、东南亚—2030　Ⅳ. ① X22

中国版本图书馆 CIP 数据核字（2020）第 201673 号

责任编辑　赵惠芬
封面设计　彭　杉

出版发行　中国环境出版集团
（100062　北京市东城区广渠门内大街 16 号）
网　　址：http: //www.cesp.com.cn.
电子邮箱：bjgl@cesp.com.cn.
联系电话：010-67112765（编辑管理部）
010-67175507（第六分社）
发行热线：010-67125803，010-67113405（传真）
印　　刷　北京中献拓方科技发展有限公司
经　　销　各地新华书店
版　　次　2020 年 10 月第 1 版
印　　次　2020 年 10 月第 1 次印刷
开　　本　710 × 960　1/16
印　　张　10.25
字　　数　220 千字
定　　价　66.00 元

前言

可持续发展理念历时30多年，经过不断演化和发展，已经成为全球长期发展的指导方针，并逐渐演变为如今的2030年可持续发展目标。2015年9月25日，联合国可持续发展峰会在纽约总部召开，联合国193个会员国在峰会上一致通过《变革我们的世界：2030年可持续发展议程》（以下简称2030年可持续发展议程）（*Transforming our World*：*The 2030 Agenda for Sustainable Development*）。这份议程是指导未来15年全球可持续发展的纲领性文件。该议程既承接了千年发展目标未尽的任务，又全面超越了千年发展目标，凸显出“以人为中心（People）、全球环境安全（Planet）、经济持续繁荣（Prosperity）、社会公正和谐（Peace）和提升伙伴关系（Partnership）”的新理念。

从宏观角度来看，2030年可持续发展议程是历史上获得全球领导人广泛认可的最为宏大的目标框架之一，对澜沧江－湄公河（简称澜湄）国家而言也是一次实现全方位向可持续发展跨越式转型的绝佳机会。当前，澜湄国家在可持续发展领域深入合作，在建设“产能澜湄”“创新澜湄”“民生澜湄”“绿色澜湄”和“开放澜湄”等方面都交出了亮眼的“答卷”。可见，澜湄合作已经展现出勃勃生机与活力，已经成为南南合作的一个新范例，为落实 2030 年可持续发展议程、构建以合作共赢为核心的新型国际关系做出了积极贡献。

对全球发展来说，澜湄合作作为次区域最具活力、最具发展潜力的新机制之一，将为南南合作发挥示范效应。澜湄国家积极落实 2030 年可持续发展议程，将促进澜湄国家实现可持续发展，有助于推动湄公河国家积极融入“一带一路”建设和区域高质量发展，有助于构建人类命运共同体的最佳区域实践。

根据 2016—2018 年的联合国可持续发展解决方案网络（Sustainable Development Solutions Network，SDSN）《可持续发展目标指数和指示板全球报告》（*SDG Index and Dashboards－Global Report*）的数据对比分析，澜沧江－湄公河沿岸国家总体评分处于中游偏下水平。整体而言，柬埔寨底子薄、基础差，推进可持续发展目标的完成情况并不理想，但新的“公私伙伴关系”政策可能有效改善商业环境，中国发起成立的亚洲基础设施投资银行有可能为柬埔寨的未来发展“供血”；中国经过 40 多年的改革开放，已经形成了较好的发展基础，而且中国政府已经陆续出台了与可持续发展目标相配套的制度与政策，显示了中国政府对此的高度重视，尽管目前中国在良好健康与福祉（SDG3）、减少不平等（SDG10）、气候行动（SDG13）、水下生物（SDG14）等方面挑战不小，但仍然有很大的可能全面落实 2030 年可持续发展议程；尽管老挝政府在制定国家发展规划时考虑到了可持续发展目标，并结合老挝国情提出“第 18 项可持续发展目标：拯救受未爆炸弹药生存威胁的人类”，但在数据收集以及资金筹措等方面的能力不足对老挝推进可持续发展目标的进程而言还是一大亟待解决的障碍；缅甸近年来的可持续发展处于相对停滞的状态，尽管缅甸在 2016 年成立了国家可持续目标指导委员会，也颁布了《缅甸可持续发展规划 2018—2030》，但这些机制和法案能否转变成真正的执行力，仍然有待时间检验；泰国在中南半岛五国中发展基础最佳，在实现可持续发展目标上更为积极主动，发展前景更为乐观；越南在2018年可持续发展目标指数排行榜中刷新了自身的最好成绩，但是“偏科严重”限制了其进一步保持发展势头的可能性，越南要想顺利实现2030年可持续发展目标，还面临着十分严峻的考验。

同为在文化和地缘上相近的发展中国家，澜湄各国距离2030年可持续发展议程各项指标的达标值均存在或大或小的差距，为实现2030年可持续发展目标需要付出较大努力。目前澜湄国家在落实2030年可持续发展议程过程中也都面临着很多现实挑战：以基础设施建设为代表的可持续发展基础相对脆弱、可持续发展理念难以深化和持续、区域治理能力相对不足、气候和环境灾难严重等。同时，澜湄合作也面临着重大机遇：澜湄合作机制的不断深化、共建“一带一路”取得显著成就以及中国积极贡献中国智慧和方案，携手各国共同带动区域的可持续发展。

未来，澜湄六国可以深化在可持续发展领域的对接，通过在减贫和农业方面增进合作，加强区域互联互通，共谋高质量发展，共同应对生态环境治理和气候变化挑战，深化国际合作与提升区域发展伙伴关系等协同发展的方式，携手推动2030年可持续发展目标在澜湄国家落地生根，为构建澜湄国家命运共同体提供新理念和方案。

我们希望通过本书梳理与评估澜沧江－湄公河国家落实2030年可持续发展议程的进展情况与合作前景，为澜湄研究添砖加瓦，更希望本书能起到“抛砖引玉”的作用，带动各界朋友共同为构建澜湄国家命运共同体做出新的突破与贡献。

目 录

1 绪 论

2015 年 9 月，联合国 193 个会员国代表在联合国可持续发展峰会上一致通过《变革我们的世界：2030 年可持续发展议程》。这份纲领性文件延续并深化了 1992 年《二十一世纪议程》以及 2000 年《千年宣言》确定的千年发展目标所蕴含的可持续发展理念，体现了联合国全球发展议程近 30 年来的演变历程。作为世界上率先响应 2030 年可持续发展议程的合作机制，澜湄合作在推动实现可持续发展目标方面具有非常重要的意义。

1.1 联合国全球发展议程的演变

进入 20 世纪 90 年代之后，联合国先后制定了三个全球发展议程，分别为 1992 年《二十一世纪议程》、2000 年《千年宣言》确定的千年发展目标和 2015 年第 70 届联合国大会通过的《变革我们的世界：2030 年可持续发展议程》。在这一演变过程中，全球发展议程经历了由专注单一指标到强调多指标协调发展的转变；而且，上述 3 个议程之间并不是相互独立的，而是一脉相承又与时俱进的。

1.1.1 《二十一世纪议程》

1992 年 6 月，联合国环境与发展会议在巴西里约热内卢召开，会议通过了《关于环境与发展里约热内卢宣言》和《二十一世纪议程》两个纲领性文件，以提高国际社会对环境问题的认识深度和广度，强调将环境与经济、社会发展相协调的重要性。其中，《二十一世纪议程》标志着联合国第一次把可持续发展由思想理论付诸行动计划，也因此成为全人类实施可持续发展战略的根本原则和行动纲领。该议程以环境可持续发展为核心，制定了实现经济、社会和环境可持续发展的目标，并阐明了相应的行动依据、行动内容和实施手段，构成了完整的全球发展议程。

为了实现可持续发展，《二十一世纪议程》以环境和经济协调发展为核心，制定了近 40 项总目标，下设很多子目标。整个议程大体可分为可持续发展战略、社会可持续发展、经济可持续发展、资源的合理利用与环境保护四个部分。具体来说，在经济可持续发展方面提出了消除贫困和改善消费模式两个总目标；在社会可持续发展方面提出了提高人口素质、健康和疾病控制、改善人类居住环境、弱势群体保护四大目标；在环境可持续发展方面则从大气层、陆地、沙漠、森林、海洋、山区、生物多样性、淡水资源、化学用品、废料处理等各个方面制定了总体目标。

但是，由于《二十一世纪议程》试图包含所有的发展目标和方向，导致其目标过多也过于分散，从而无法集中有限的人力和财力解决关键和重点问题。而且，该议程对目标的设定存在极大的弹性，除了疾病控制设定了具体的量化指标外，其他目标都只是模糊的定性表述。所以，《二十一世纪议程》在后期执行上很难得到有效监管与审查，缺乏必要的约束力。

1.1.2 千年发展目标

《二十一世纪议程》提供了一个从 20 世纪 90 年代至 21 世纪的行动蓝图，但其执行情况并不良好，全球的环境危机没有得到扭转、南北差距进一步扩大、官方发展援助不断减少。国际社会认识到，《二十一世纪议程》实际上只是一个宏伟愿景，而要达成这个长期的愿景需要具体的阶段性执行计划，由此2000年联合国推出了千年发展目标（The Millennium Development Goals，MDGs）（见表1-1）。尽管千年发展目标只制定了8项总目标，但一方面这8项总目标包括了经济、社会、环境和国际合作4个方面，基本上完全继承了可持续发展议程的内容；另一方面，8项总目标下设21项具体指标，大部分指标都进行了量化并设定了最后截止时间（即2015年）。而且，千年发展目标还设定了60个进展监测指标以监督和评估各国千年发展目标的执行情况。千年发展目标还明确指出，其以削减贫困为核心，旨在将全球贫困水平在2015年之前降低一半，这就在很大程度上避免了《二十一世纪议程》目标分散化的问题。

表1-1　千年发展目标

目标	目标内容
目标一	消除极端贫困和饥饿
目标二	实现普及初等教育
目标三	促进两性平等并赋予妇女权利
目标四	降低儿童死亡率
目标五	改善产妇保健
目标六	与艾滋病、疟疾和其他疾病作斗争
目标七	确保环境的可持续能力
目标八	制订促进发展的全球伙伴关系

资料来源：联合国千年发展目标及2015年后进程官方网站，https://www.un.org/zh/millenniumgoals.

千年发展目标推出之后，联合国每年均会通过《千年发展目标报告》和《千年发展目标进度表》发布千年发展目标的进展。2013年的报告及进度表显示，千年发展目标自推出后取得了显著进展，但远未达到令人满意的效果。千年发展目标的总体进展并不乐观，千年发展目标各具体目标之间进展很不平衡，MDG1 即消除极端贫困和饥饿是 8 项目标中进步最大的一个，已经提前在 2010 年就完成了将全球贫困水平在 2015 年之前降低一半的目标，而 MDG 2～8 虽有不同程度的进展，却几乎都无法按期完成 2015 年的目标，特别是确保环境的可持续能力（MDG7）和制订促进发展的全球伙伴关系（MDG8）中的部分指标甚至出现了不同程度的恶化。例如，二氧化碳排放量比 1990 年提高了 46%，森林破坏程度和物种灭绝率也呈上升态势；全球金融危机和经济危机的爆发导致 2012 年净双边援助支付额减少了 4%，贸易保护主义也重新抬头。总体而言，社会可持续性特别是减贫取得了较大程度的进展，经济可持续性进展缓慢，但是环境可持续性进一步恶化，国际合作领域也出现了一定的倒退。最后，MDGs 在地区之间的进展也很不平衡，除东亚地区在 2015 年实现绝大部分目标外，其他地区均无法完全实现，尤其是撒哈拉以南的非洲地区几乎无法实现任何目标。换言之，全球大部分发展中国家预计无法如期实现千年发展目标。

1.1.3 2030 年可持续发展议程

随着 2015 年千年发展目标截止期的临近，制定“后 2015 发展议程”被提上日程。2012 年联合国可持续发展大会提出将制定一套以千年发展目标为基础、以可持续发展为核心的可持续发展目标。经过两年多的政府间谈判，2015 年 8 月联合国 193 个会员国就“后 2015 发展议程”达成一致，并于当年 9 月召开的第 70 届联合国大会上一致审议通过了《变革我们的世界：2030 年可持续发展议程》，提出了可持续发展目标（Sustainable Development Goals, SDG）（见表 1-2），为未来 15 年各国发展和国际合作指明了方向，成为全球发展进程中的又一里程碑事件。

表 1-2 联合国可持续发展目标（SDG）

序号	目标	具体目标数量
1	在全世界消除一切形式的贫穷（无贫穷）	7
2	消除饥饿，实现粮食安全，改善营养状况和促进可持续农业（零饥饿）	8
3	让不同年龄段的所有的人都过上健康的生活，促进他们的安康（良好健康与福祉）	13
4	确保包容和公平的优质教育，让全民终身享有学习机会（优质教育）	10
5	实现性别平等，增强所有妇女和女童的权能（性别平等）	9
6	为所有人提供水和环境卫生并对其进行可持续管理（清洁饮水和卫生设施）	8
7	确保人人获得负担得起的、可靠和可持续的现代能源（经济适用的清洁能源）	5
8	促进持久、包容和可持续的经济增长，促进充分的生产性就业和人人获得体面工作（体面工作和经济增长）	12
9	建造具备抵御灾害能力的基础设施，促进具有包容性的可持续工业化，推动创新（产业、创新和基础设施）	8
10	减少国家内部和国家之间的不平等（减少不平等）	10
11	建设包容、安全、有抵御灾害能力和可持续的城市和人类住区（可持续城市和社区）	10
12	采用可持续的消费和生产模式（负责任消费和生产）	11
13	采取紧急行动应对气候变化及其影响*（气候行动）	5
14	保护和可持续利用海洋和海洋资源以促进可持续发展（水下生物）	10
15	保护、恢复和促进可持续利用陆地生态系统，可持续管理森林，防治荒漠化，制止和扭转土地退化，遏制生物多样性的丧失（陆地生物）	12

序号	目标	具体目标数量
16	创建和平、包容的社会以促进可持续发展，让所有人都能诉诸司法，在各级建立有效、负责和包容的机构（和平、正义与强大机构）	12
17	加强执行手段，重振可持续发展全球伙伴关系（促进目标实现的伙伴关系）	19
合计		169

注：* 确认《联合国气候变化框架公约》是谈判确定全球气候变化对策的首要国际政府间论坛。
资料来源：联合国 2030 年可持续发展目标官方网站，https://www.un.org/sustainablede velopment/zh/development-agenda/。

2030 年可持续发展议程于 2016 年 1 月 1 日正式启动。该议程包括 17 个大项的总体目标和 169 个分项的具体目标，涵盖面很广，而且目标之间相互关联、不可分割。

可持续发展目标的设定体现了“以人为中心（People）、全球环境安全（Planet）、经济持续繁荣（Prosperity）、社会公正和谐（Peace）和提升伙伴关系（Partnership）”的“5P”全球发展观。第一，以人为中心。这主要涵盖了保障基本需求和赋权弱势群体，主要体现在第 1 ~ 5 目标领域：消除贫困，建立共享的繁荣，促进公平，总体目标在于终止一切地方一切形式的贫困，包括到 2030 年消除极端贫困等具体目标。第二，经济持续繁荣。关于资源的利用与发展的目标大致分布在第 6 ~ 12 目标领域，具体包括清洁饮水和卫生设施、经济适用的清洁能源、体面的工作与经济增长、产业创新与基础设施、减少不平等以及可持续城市与社区建设等。第三，全球环境安全。全球环境可持续能力主要包括气候变化、海洋保护和生物多样性保护等内容，事关地球生态环境安全和人类未来发展。这些内容主要体现在第 13 ~ 15 目标领域。第四，社会公正和谐和提升伙伴关系。社会公正和谐主要涉及国际合作和制度建设，体现在第 16 ~ 17 目标领域。实现和平，是社会发展极为重要的内容，总体目标是创建和平、包容的社会以促进可持续发展，让所有人都能诉诸司法，在各级建立有效、负责和包容的机构。重振可持续发展全球伙伴关系，包括贸易、技术转让和技术能力、融资与债务可持续性、能力建设、加强全球可持续发展的伙伴关系等实施手段和具体目标。但是，这些目标并不是各个发展领域的简单拼盘，而是按照经济、社会、环境三重底线的原则，强调不同领域之间的发展不是分裂的而是融合的，每一个目标的实现都要借力多个方面的协同与平衡。

与此同时，为了增强全球公众对于各国落实2030年可持续发展议程进展情况的了解，2016年7月，联合国可持续发展解决方案网络（Sustainable Development Solutions Network[①]，SDSN）发布了全球报告《可持续发展目标指数和指示板全球报告》（*SDG Index and Dashboards-Global Report*），这份报告由包括联合国官员、学术界人士、非营利机构代表在内的150多名专家共同研究撰写，旨在帮助各国了解全球范围内可持续发展目标的落实进度和本国在可持续发展目标落实进程中较他国的相对位置，有利于各国梳理本国需要优先解决的问题，督促各国在本国范围内尽快出台并执行与可持续发展目标相符的政策。SDSN是2012年在时任联合国秘书长潘基文倡议下建立的全球网络性组织，其成立初衷是通过联合全球范围内科学和技术领域的专家，为可持续发展进程中存在的潜在问题提出切实可行的解决方案，其中就包括可持续发展目标的设计和落实。随着可持续发展目标的正式确立和发布，该组织目前致力于整合全球技术与政策领域的经验，为区域、国别、全球层面可持续发展目标的落实提供帮助。

综上所述，全球发展议程具有一定的继承性，其核心目标经过了从环境可持续发展目标到千年发展目标再到2030年可持续发展目标的调整，而可持续发展理念也在不断深化，除了可持续发展的“经济—社会—环境”三维认知范畴外，还增加了“确保社会公正”与“重振伙伴关系”等要素，同时，

---

① 详情可见联合国可持续发展解决方案网络官方网站：http://unsdsn.org/.

新的发展议程还涵盖了发达国家与发展中国家。全球发展议程的演变也在昭示着人类力图寻求一种发展范式的转变与文明的整体转型。

1.2 澜湄国家可持续发展合作的现状

澜沧江发源于我国青海省唐古拉山并流经西藏自治区、云南省，出境后被称为湄公河，先后流经缅甸、老挝、泰国、柬埔寨、越南。澜沧江－湄公河沿岸国家山水相连，人文相通，有着深厚的睦邻友好关系，安全与发展利益息息相关。自 20 世纪 90 年代初，以澜沧江－湄公河为主轴的次区域合作兴起，六国陆续展开了多层次、宽领域的合作，澜沧江－湄公河合作机制由此应运而生。

澜沧江－湄公河合作机制是中国国务院总理李克强在 2014 年 11 月第 17 次中国—东盟领导人会议上提出的重要倡议，旨在进一步深化中国与湄公河国家全方位友好合作，提升区域整体发展水平。2015 年 11 月，澜湄合作首次外长会在中国云南省景洪市举行，会议发表了《关于澜湄合作框架的概念文件》和《联合新闻公报》，澜湄合作正式启动。

2016 年 3 月 23 日，澜沧江－湄公河合作首次领导人会议在海南三亚举行，澜湄六国领导人规划合作蓝图，并签署了《澜沧江－湄公河合作首次领导人会议三亚宣言——打造面向和平与繁荣的澜湄国家命运共同体》和《澜沧江－湄公河国家产能合作联合声明》等重要文件。各国一致认同深化政治互信，提升经济合作与人文往来，打造次区域合作和南南合作的新典范，使该区域成为维护地区稳定与世界和平的重要力量，也为落实联合国 2030 年可持续发展议程做出新贡献。

长期以来，中国与湄公河五国一直在可持续发展领域保持密切的合作关系，全面深入合作已经具有一定的基础。2018 年 12 月，澜沧江－湄公河合作第四次外长会在老挝琅勃拉邦举行。澜湄六国一致认为，要以打造澜湄流域经济发展带为重点，开展产能、创新、民生、环保等领域合作，不断加强机制建设，推动澜湄合作与次区域其他机制优势互补。归纳起来，就是要建设“产能澜湄”“创新澜湄”“民生澜湄”“绿色澜湄”和“开放澜湄”的目标，共同促进区域的可持续发展。目前，各国在建设“产能澜湄”“创新澜湄”“民生澜湄”“绿色澜湄”和“开放澜湄”等方面的进展主要有以下几点。

1.2.1 产能澜湄

在澜沧江－湄公河合作首次领导人会议上，中国就宣布将在未来3年提供100亿元人民币优惠贷款，用于支持澜湄合作中长期重大项目；同时还将设立100亿美元的信贷额度，包括50亿美元优惠出口买方信贷和50亿美元澜湄国际产能合作专项贷款。当前，中国与湄公河国家在产能合作方面互补性强。相较于湄公河国家，尤其是柬埔寨、老挝和缅甸三国，中国在制造业领域具有明显优势，而湄公河五国则在能源、矿产、土地等资源性领域及劳动力成本方面优势突出①。中国与湄公河国家已在交通基础设施、能源、矿产、纺织业等重点领域开展了广泛合作，带动了中国相关装备、技术、标准和服务走向湄公河国家。

1.2.1.1 交通基础设施合作

公路、桥梁等交通基础设施是中国与湄公河国家重要的产能合作领域。中国曾在缅甸承建了仰光—丁茵公铁两用大桥、伊洛瓦底江央东大桥、帕克库公铁两用大桥等桥梁设施，中泰曾合作修建昆曼公路老挝境内段及会晒—清孔湄公河大桥，带动中国相关装备和技术走入湄公河国家。2012年，中国葛洲坝集团股份有限公司与老挝公共工程和运输部达成老挝琅勃拉邦省巴蒙—华潘省普老的1C公路改建工程，这是老挝北部连接国家公路主干线13号公路和6号公路的主要支线公路。2015年12月，中老铁路举行开工奠基仪式，这是第一个以中方为主投资建设并运营、与中国铁路网直接连通的境外铁路项目，全线采

① 邹春萌．“一带一路”背景下中国与湄公河国家产能合作：制约因素与发展途径［J］．云南大学学报（社会科学版），2017，16（4）：114-121.

用中国技术标准、使用中国设备，由中老双方按照 7∶3 的股比合资建设。中泰铁路已于 2017 年正式开工建设，并会使用中国技术和相关设备。这些项目的顺利推进将大幅提升中国与湄公河国家在交通基础设施方面的合作水平。

1.2.1.2 能源合作

能源也是中国与湄公河国家合作的重点领域。中柬在水电领域开展了多个合作项目，已建成了基里隆一级水电站、甘再水电站、基里隆 3 号水电站、斯登沃代水电站、额勒赛河下游水电站及达岱水电站六个大型水电站，带动中国大量相关机械装备和产能的输出。中缅之间在水电领域也进行了广泛合作，共同完成了缅甸邦朗水电站、耶涯水电站、瑞丽江水电站、太平江一级和二级水电站、吉荣吉瓦水电站等多个水电开发项目。2013 年 10 月，中缅天然气管道全线贯通；2015 年 1 月原油管道工程的缅甸段基本建成，并于 1 月 30 日在缅甸皎漂马德岛举行试运行仪式。2015 年 11 月，中老合作的老挝南欧江流域梯级电站首台机组正式投产发电，这是老挝能源战略的旗舰项目，将带动中国电力设计、设备制造、监理、施工等方面的中国企业在澜湄次区域“抱团出海”。

1.2.1.3 矿产资源合作

矿产资源是中国与老挝、缅甸、越南之间重要的合作领域。中老之间已就老挝的钾盐矿、金铜矿及铝土矿的开发进行了多项合作。2015 年，中国河北建设投资集团有限责任公司与老挝计划投资部签订《老挝色贡省格林县嘎旺、阿丁村金矿开采与加工合同》。中缅两国至今已开展了三项重要的矿业合作项目，分别是缅甸莱比塘铜矿项目、达贡山镍矿项目和莫苇塘镍矿项目，其中达贡山镍矿项目已于 2011 年进入投产阶段。中国与越南也开展了较多的矿产资源的开发合作，主要针对铅锌矿、铁矿的合作勘探、开采、加工和生产等。

1.2.1.4 农业合作

中国与湄公河国家的农业合作由来已久，主要是种植业领域的合作。2014 年

6月，中国企业在柬埔寨蒙多基里省占地5万公顷的生态农业综合开发项目“百万农场生态基地”在金边举行开业仪式，项目目的是建成一个大型经济生态农场。中国已有数十家企业在缅甸开展农业合作项目，涵盖甘蔗、木薯、橡胶和大豆等作物的种植、加工与销售。此外，云南中小企业还在缅甸北部、老挝北部地区开展替代产业合作，替代种植面积累计达300多万亩，涉及橡胶、甘蔗、水稻、玉米等47个品种。这些农业合作项目的开展带动了中国大量相关产品、农业机械和技术“走出去”，促进了农机制造、农药、化肥的生产与销售。

1.2.1.5 其他装备制造业合作

纺织服装业是我国与柬埔寨开展产业合作的最大部门，中柬纺织服装领域的合作占据重要地位，中方在柬设立的纺织企业超过了400家，促进了中国纺织领域的大量富余优质产能和装备向柬转移。西哈努克港经济特区是由中国和柬埔寨共同开发建设的国家级境外经贸合作园区，以纺织服装、轻工家电、五金机械为主导产业，在产能合作方面已取得显著发展。截至2015年年底，西哈努克港经济特区已累计引进来自中国、日本、欧美等国家和地区的纺织服装、电子机械、五金、家具等领域的企业93家，其中70家已投入生产运营。中缅两国在纺织、造纸、化肥、轮胎等装备制造业方面开展了大量合作，中方在缅建设了多家纺织厂、造纸厂、轮胎厂、化肥厂等。2015年12月中信联合体中标缅甸皎漂经济特区的工业园和深水港项目，不仅可以带动中国纺织、建材、食品加工等相关产业“走出去”，还可以带动相关装备制造产品的出口，促进中缅之间的产能合作。

1.2.2 创新澜湄

创新澜湄旨在加强澜湄国家的创新合作，实现跨越式发展。分享新技术、新业态、新模式，提高数字基础设施和创新能力，提升网络联通水平，加快跨境电商发展。

随着移动网络的快速发展和智能手机的普及，泰国、越南等澜湄国家的电子商务市场迅速增长，与中国的网络联通日益密切。泰国是东盟十国中与中国在跨境电商领域连接最密切的国家，2016 年泰国与中国跨境电商连接总指数方面在东盟国家中居于首位。2016 年有 124 个泰国品牌在天猫国际平台上销售，总成交额同比增长 152%，是商品销售额排名最高的“一带一路”沿线国家，阿里巴巴也与泰国开泰银行开展合作，在泰国可以直接使用和支付。2017 年 9 月中国京东金融公司与泰国零售商上台集团成立合资公司。越南则是澜湄国家中与中国网络联通较为紧密的国家。2017 年 5—11 月，商务部先后与越南签署了《关于电子商务合作的谅解备忘录》《关于成立电子商务合作工作组的谅解备忘录》，大力支持中越跨境电商发展。

在通信基础设施方面，中国华为公司已成功部署了泰国、马来西亚和柬埔寨的一条海底光缆，大幅提高了三国之间的互联网连接效率。中国海容集团还参与投资建设柬埔寨亚非欧 1 号（AAE-1）洲际海缆，完成了覆盖柬埔寨全国、联通周边邻国长达 1.8 万米的骨干光纤网络和 1 000 千米的城域网，使柬埔寨人民真真切切享受到信息化和数字经济发展成果。

1.2.3 民生澜湄

坚持民生为本，推动澜湄合作更接地气。过去几年，澜湄国家合作一同在教育、减贫、医疗卫生、大坝安全等领域实施一批新项目，让更多民众从澜湄合作机制中受益。

在澜湄国家共同努力下，澜湄民生合作蓬勃展开，已初步呈现出大发展、大繁荣态势。澜湄社会民生合作几乎已覆盖《澜沧江－湄公河合作五年行动计划（2018—2022）》提及的全部领域。各领域均已开展具有示范性和代表性的社会民生交流活动。例如，文化领域的澜沧江 · 湄公河流域国家文化艺术节与“澜湄文化行”，教育领域的澜湄国际职业学院、澜湄职业教育论坛，减贫领域的澜湄合作减贫联合工作组、澜湄减贫合作研讨会，医疗卫生领域的“湄公河光明行”，青年交流领域的澜沧江－湄公河中外青年友好交流活动，妇女领域的澜沧江－湄公河流域妇女论坛，智库合作领域的全球湄公河研究中心等。这些民生领域的合作项目惠及澜沧江－湄公河国家人民，让他们有真真切切的获得感，促进民心相通。

1.2.4 绿色澜湄

深化环保合作，实施“绿色澜湄计划”成为实现建设绿色澜湄目标的重要方式。绿色驱动作为澜湄流域经济发展带的五大驱动之一，澜湄国家要大力改善生态环境，保护和合理利用水资源，共同实施“绿色澜湄计划”，在环境治理、生物多样性保护等方面开展务实合作，探索符合六国国情的环境治理模式，实现生态优先、绿色发展。

“绿色澜湄计划”是澜沧江－湄公河环境合作战略的重要组成部分，也是具体落实战略的旗舰项目计划。“绿色澜湄计划”主要内容包括政策对话、环境政策主流化、能力建设、示范项目与伙伴关系等。该计划自启动以来，以打造区域可持续发展旗舰项目为目标，在澜湄环境合作网络建设、能力建设、项目创新、区域联合研究、示范项目落地等方面取得了积极进展。

- 在开展高层环境政策对话方面，澜沧江－湄公河环境合作中心举办了多次圆桌对话，就区域可持续发展、水环境治理、可持续基础设施与绿色投融资等议题与澜湄国家代表进行广泛而深入的探讨，增进对各国环境产业需求的了解，共同推进澜湄环境合作、落实 2030 年可持续发展议程；
- 在推动环境能力建设方面，中国先后与湄公河国家举办了“中国—老挝环境管理研讨班”“澜沧江－湄公河生态系统管理能力建设研讨会”“中国—柬埔寨环境影响评价能力建设研讨班”“澜沧江－湄公河工业废气排放与管理能力建设研讨活动”“中国—柬埔寨水环境管理及实践研讨会”等多场能力建设活动，务实提高了澜湄沿线六国环境管理能力；

- 在培养环境人才方面，澜沧江－湄公河环境合作中心引入社会资本，启动“澜沧江－湄公河环境合作奖学金计划”。支持湄公河国家青年学者、政府官员及环境技术人员参与短期非学位教育，并适时推动学位教育；
- 在推动合作示范项目方面，澜沧江－湄公河环境合作中心以“老挝万象清洁水计划”与老挝南塔省省立中学污水处理示范工程为重点，通过援助污水处理设施，增进人民福祉，提升当地环境管理能力。

1.2.5 开放澜湄

在澜湄合作机制建立之前，澜沧江－湄公河环境次区域内已经活跃着多种合作机制，主要有亚洲开发银行倡导的大湄公河次区域经济合作（Great Mekong Subregion Cooperation，GMS）机制，东盟倡导的“东盟—湄公河流域开发合作”机制，湄公河下游泰国、老挝、柬埔寨和越南四国组成的“湄公河委员会”，美国主导的“湄公河下游倡议”，日本牵头的“日本—湄公河首脑会议”，印度主导的“湄公河—恒河合作倡议”和韩国主导的“韩国—湄公河外长会议”等。而澜湄合作机制作为澜沧江－湄公河流域内六国携手推动的首个合作机制，可以与之前次区域已经存在的其他机制加强交流，相互补充，协调发展。

在第三方市场合作方面，中国在过去几年同日本、韩国、新加坡等国在湄公河次区域陆续开展三方或四方合作，共同促进次区域发展。2018 年 4 月新加坡总理李显龙访华，两国签署“一带一路”第三方市场合作备忘录，并取得了一些初步成果。中日双方已签署《关于中日第三方市场合作的备忘录》，泰国“BTS”铁道铺设项目或将成为首个合作项目。2017 年上半年，中信集团联合日本伊藤忠商社、韩国三星集团与泰国正大集团就共同投资泰国东部经济走廊项目达成共识，有望成为四方合作的样板。“第三方市场合作”是中国首创的国际合作新模式，将中国的优势产能、发达国家的先进技术和湄公河国家的发展需求有效对接，在澜湄区域能实现 1+1+1>3 的叠加效应，从而达到提升伙伴关系，实现长期可持续合作的成效。

1.3 推动澜湄国家落实 2030 年可持续发展议程的重要意义

可持续发展目标是 2030 年可持续发展议程的核心内容，是各国政府经过两年多艰苦谈判取得的成果，为全世界所瞩目。落实 2030 年可持续发展议程是当前全球各国面临的重大课题，也是各区域、次区域探索新型文明发展范式转型的重要契机。澜湄合作机制由六个发展中国家组成，是探索和推进南南合作的新平台，也是世界上首个率先响应 2030 年可持续发展议程的合作平台。因此，推动澜湄国家落实 2030 年可持续发展议程具有非常重要的意义。

推动澜湄国家落实 2030 年可持续发展议程，将有助于促进澜湄国家实现可持续发展。中国是最大的发展中国家，湄公河国家与中国山水相依、人文相通，是天然的合作伙伴和紧密的友好邻邦。作为南南环境合作的典范，双方携手前行的路上，实现经济与生态环境的协同发展是中国和湄公河五国的共同目标。当前，湄公河五国已进入工业化快速发展的通道，促进澜湄流域环境政策的主流化，实现经济发展与环境保护的和谐共生，是流域各国实现包容性增长和可持续发展的重要组成部分，已成为湄公河国家政府和人民共同关注的方向。中国在生态文明建设和绿色发展领域积累了适用于发展中国家的丰富经验，“中国方案”的转化将助力湄公河国家走上可持续发展之路，探索生态文明发展的新范式。

推动澜湄国家落实 2030 年可持续发展议程，将有助于推动湄公河国家积极融入“一带一路”建设，加快推动区域高质量发展。澜沧江 – 湄公河作为一条天然纽带，将六国紧密相连。自古以来，流域各国民族语言相通，风俗习惯相似，边民往来密切。同时，澜沧江 – 湄公河流域是陆上连接中国与东南亚、南亚乃至印度洋的通道前沿，地处“一带一路”建设的重要节点地区，是 21 世纪海上丝绸之路和陆上丝绸之路经济带的交汇之地，地理条件得天独厚。推动澜湄国家落实 2030 年可持续发展议程将有利于推动“一带一路”建设与湄公河各国发展战略纵深对接，共同谋求产业合作的深度与广度，加快区域发展模式的转型升级，在可持续发展转型进程中开创南南合作的新路径。

推动澜湄国家落实 2030 年可持续发展议程，将有助于促进构建人类命运共同体的最佳区域实践。良好的生态环境是普惠的民生福祉，也是一切经济活动和人民美好生活的基础。澜湄国家命运共同体从历史和现实、基础和条件以及障碍及其突破等方面衡量，是当前中国积极开拓周边外交和优先建设人类命运共同体的最好选择。澜湄国家命运共同体是人类命运共同体的重要组成部分，更是构建人类命运共同体的积极区域践行者。只有在构建澜湄国家命运共同体的过程中融入可持续发展理念，健全可持续发展生产方式和生活方式，人类命运共同体的可持续发展才能实现。

2 可持续发展目标评估体系与方法说明

本章主要研究可持续发展解决方案网络（Sustainable Development Solutions Network，SDSN）中可持续发展目标的评估体系与方法说明。针对SDG指标体系比较复杂、度量数据难以获得的情况，SDSN发布的《可持续发展目标指数和指示板全球报告》（*SDG Index and Dashboards – Global Report*）开创性地制定出了一套用于国家层面上SDG的测量标准。该报告根据最新发布的数据，为17项SDG中的每项目标建立了一套具体指标，构建了“SDG指数”，并根据现有数据对各国的SDG指数进行了测算与排名。该报告同时发布了一份“SDG指示板”。在这份指示板中，各项目标的所有指标均设定临界值，并用绿、黄、橙、红4种颜色进行编码，从绿色、黄色、橙色到红色，表示该国在这一领域面临的挑战难度依次递增，最后根据每个SDG指标中得分最低的颜色作为该项目标的评级颜色。

此外，本章还根据2016—2018年的《可持续发展目标指数和指示板全球报告》进行了数据对比分析，总体评估了目前全球落实2030年可持续发展议程的最新进展，发现全球在落实该议程方面存在3个特点：第一，国家的可持续发展水平与其经济发展水平显著相关；第二，发达国家内部实施可持续发展具体目标时存在分化状况；第三，不同区域实施可持续发展目标的优先事项不同。

2.1 联合国可持续发展评估体系

可持续发展解决方案网络是 2012 年在联合国秘书长潘基文的倡议下建立起的全球网络性组织，其成立初衷是通过联合全球范围内科学和技术领域的专家，为可持续发展进程中存在的潜在问题提出切实可行的解决方案，其中就包括可持续发展目标的设计和落实。随着可持续发展目标的正式确立和发布，该组织致力于整合全球技术与政策领域的经验，为国家、区域、全球层面可持续发展目标的落实提供帮助。

针对 SDG 指标体系比较复杂、度量数据难以获得的情况，2016 年 7 月，SDSN 开创性地发布了《可持续发展目标指数和指示板全球报告》。这份报告由包括联合国官员、学术界人士、非营利机构代表在内的 150 多名专家共同研究撰写，旨在帮助各国了解全球范围内可持续发展目标的落实进度和本国在可持续发展目标落实进程中需要优先解决的问题，督促各国在本国范围内尽快出台并执行与可持续发展目标相符的政策。

《可持续发展目标指数和指示板全球报告》制定了一套国家层面的 SDG 测量标准，虽然这套指标体系目前仍然存在各种局限性，但在现有条件下，这套 SDG 指数和指示板在帮助各个国家了解现状和实现 2030 年可持续发展目标需要解决的问题方面提供了依据，并为各国家、地区之间进行横向比较提供了可能。

2.2 联合国 2030 年可持续发展议程评估方法说明

该报告基于全球范围内各个国家落实联合国 2030 年可持续发展目标的进展，在国家层面上制定了一套衡量可持续发展目标落实进展的标准。该报告为各国在 17 项可持续发展目标上的进展进行了系统评分与排名，构成了“可持续发展目标（SDG）指数”部分；同时，对所有母项及子项可持续发展目标落实进度进行了分级，构成了“可持续发展目标（SDG）指示板”部分。

此外，报告全文还包含了评估体系、数据来源、政策建议等几个部分。

就具体的方法论而言，在构建指数方面，SDSN给各国在可持续发展目标方面的落实进展打分（0～100分），各国在各项中的得分反映了其在“最差”与“最优”之间的位置，“最优”的制定标准源自在当前技术条件下可以达到的最佳状态。例如，一国在某项可持续发展指标中得65分，即表示其在该项的落实进展实现了65%的最优水平。而由于“最优”状态有时无法实现或难以明确定义，该报告将样本国家中5个最高值的算术平均值作为最高分，超过最高分的国家在该项中也以最高分标注。在指标聚合环节，目前主要采用的是对每一项SDG指标运用算术平均来进行聚合。这种方法假定给每一项可持续发展目标都赋予相同的权重，以此反映决策者承诺的公平对待每项目标，并最终将成为一套完整且不可分割的目标集。运用算术平均值的方法的主要原因是：第一，建立在合理的替代性基础之上，每项目标都描述了相互补充的优先性政策；第二，算术平均具有易于沟通的优点。

在指示板部分中，报告使用里昂惕夫函数对每项可持续发展目标对应的指标进行聚合。这意味着每项目标的分值根据该国表现最差的变量来设定。这样做的目的是明确每个国家实现2030年可持续发展目标所面临的挑战。报告为各项目标的所有指标设定了临界值，用绿、黄、橙、红4种颜色[①]进行编码，以此来表明某一国已经实现该目标（绿色），或是差距较小、有待提升（黄色），或是差距较大、面临挑战（橙色），或是距实现2030年的目标相差甚远（红色）；最后根据每个可持续发展指标中得分最低的颜色作为该项目标的评级颜色。因此，当一个国家评级为“红色”时，这并不意味着每项目标都被评为最低分，但至少有一项指标得分较低（红色）。此设计有助于发现可持续发展目标实现过程中的差距而非优势。报告提供了每个国家的详细数据，以便读者根据各个变量来确定各个国家的表现。

---

① 在2016年SDSN《可持续发展目标指数和指示板全球报告》中只有红、黄、绿三种颜色，直到2017年报告中才出现橙色标注。

从数据来源来看，SDSN《可持续发展目标指数和指示板全球报告》的子报告为《可持续发展目标指数和指示板指标元数据》对数据来源问题进行了详细说明。这份子报告指出了每项指标所使用数据的来源和说明。其中的数据来源于世界银行（The World Bank）、经济合作与发展组织（Organisation for Economic Co-operation and Development，OECD）、世界卫生组织（World Health Organization，WHO）、国际能源署（International Energy Agency，IEA）等权威机构的数据库。

此外，由于部分指标难以获得体系评估的数据，尤其是一些发展中国家存在较严重的数据缺失问题，这一系列报告的评估范围仅涵盖了 2/3 左右的联合国会员国。后续 SDSN 也会鼓励所有国家在数据统计能力建设方面加大投入，确保各国在未来能更准确地追踪 17 项可持续发展目标的落实进度。

2.3　全球落实 2030 年可持续发展议程的总体评估

从 2016—2018 年 SDSN 发布的 3 份《可持续发展目标指数和指示板全球报告》来看，全球在落实 2030 年可持续发展议程方面存在以下几个特点。

2.3.1　国家的可持续发展水平与其经济发展水平显著相关

从 2016—2018 年可持续发展目标指数与指示板国家排名来看，处于领先的国家大多为 OECD 成员，它们基本完成了工业化，处于后工业化阶段，如瑞典、丹麦、芬兰等北欧国家。居中的国家多是处于快速工业化阶段的发展中国家，中国、泰国、越南等国在此列。相对滞后的国家多为处于工业化初期阶段的发展中国家，很多撒哈拉以南非洲国家均在这一集团中，而且 SDG 指数多在 60 分以下。这种排列表明一国的可持续发展水平与其经济发展水平有很大的关系。

学者 Guido Schmidt-Traub 等也通过定量分析方法佐证了上述观点。他的团队曾将 SDG 指数与人均国内生产总值、人类发展指数、全球竞争力指数、经济自由度指数、环境绩效指数、全球和平指数等其他常规发展指数进行相关性分析（如图 2-1 所示），发现 SDG 指数与人类发展指数和人均国内生产总值的相关性最强，与环境绩效指数和全球竞争力指数的相关性稍弱，而与经济自由度指数和全球和平指数的相关性最弱。可见国家的可持续发展水平与其经济发展水平显著相关，且国家的可持续发展水平与该国的环境绩效也存在一定关系。

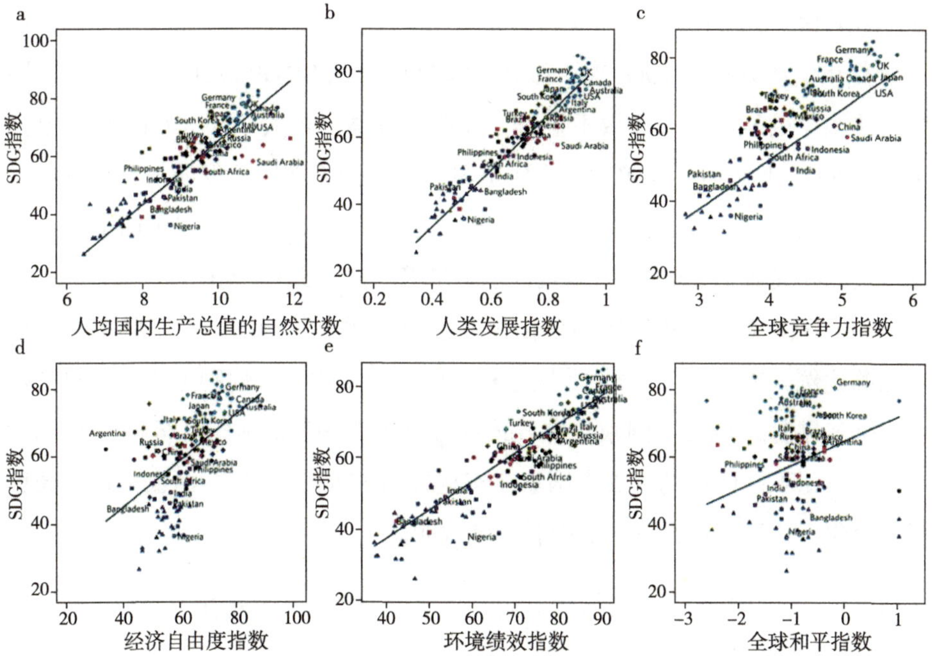

▲低收入国家 ■中低收入国家 ◆中高收入国家 ●高收入国家

注：地理区域

东亚和南亚地区、东欧和中亚地区、拉丁美洲及加勒比地区、中东和北非地区、撒哈拉以南非洲地区、OECD国家

图 2-1　SDG 指数与其他常规发展指数相关性分析

资料来源：Schmidt-Traub G，Christian Kroll，Katerian Teksoz，et al. National baselines for the Sustainable Development Goals assessed in the SDG Index and Dashboards［J］. Nature Geoscience，2017，10（8）：547-555.

2.3.2 发达国家内部实施可持续发展具体目标的状况分化

尽管 OECD 国家在 SDG 指数整体排名上要优于发展中国家，但这并不意味着具体到各个目标后，OECD 国家也处于领先水平。OECD 国家 SDG 指示板的结果表明，可持续发展目标不仅是发展中国家的议程，也是发达国家必须考虑的问题。如图 2-2 所示，每个 OECD 国家在实现 SDG 方面都面临一定的挑战（尤其是“红色”评级的目标）。平均来看，OECD 国家约 1/3 的 SDG 评分为“红色”。其中最艰巨的挑战是应对气候变化（SDG13）、生态系统保护（SDG14、SDG15）、提升可持续发展伙伴关系（SDG17）以及采用可持续的消费和生产方式（SDG12）。部分 OECD 国家的 SDG9 被评为“红色”，因为这些国家的经济增长成效不显著，失业率较高。很大一部分 OECD 国家在实现 SDG17 上面临巨大挑战，主要是因为这些国家在国际发展与合作领域没有做出积极贡献，资金投入不足。此外，还有一些 OECD 国家正面临着经济低增长和高失业率（SDG8）以及性别不平等（SDG5）等问题。

OECD 国家内部各指标的分化程度也相当明显。例如，在肥胖率，可再生能源比例，未就业、（未）受教育和培训的青年比例，性别工资差距等指标上，排名靠前的 OECD 国家与排名靠后的 OECD 国家的差距甚至超过 5 倍。

当然，不同区域的发展中国家在实现各项 SDG 的表现方面也出现不同程度的分化，这种分化在下一节中有详细说明。

2.3.3 不同区域在实现可持续发展目标中的优先事项不同

由于受到地理条件、人文历史等因素的约束，不同区域会形成不同的社会运行机制和发展模式，且追求的价值偏好与优先顺序有所不同，在可持续发展目标中的优先事项也就有所不同。以 2018 年的《可持续发展目标指数和指示板全球报告》为例，东亚和南亚地区、东欧和中亚地区、拉丁美洲及加勒比地区、中东和北非地区、撒哈拉以南非洲地区均有不同的优先目标领域。

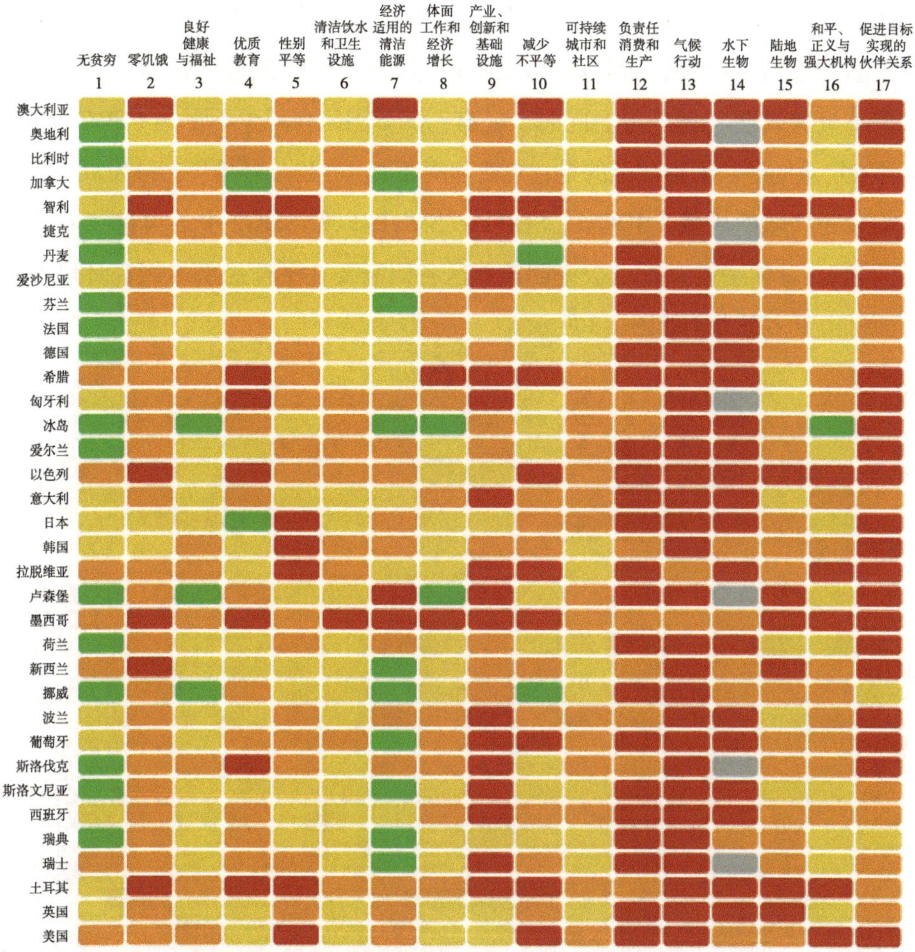

注：绿色表示“已经达标”，黄色表示“差距较小”，橙色表示“差距较大”，红色表示“差距很大”，灰色表示“暂无资料”。

图 2-2　OECD 国家落实可持续发展目标进展情况（2018 年）

资料来源：2018 年 SDSN《可持续发展目标指数和指示板全球报告》。

相比其他发展中国家和地区，东亚和南亚地区各国的 SDG 表现更突出，但仍面临一些挑战。尽管该地区在无贫穷（SDG1）方面取得了进步，但指示板显示该地区在实现零饥饿（SDG2），良好健康与福祉（SDG3），产业、创新和基础设施（SDG9），水下生物（SDG14）及和平、正义与强大机构

（SDG16）方面面临巨大挑战。尤其是在实现零饥饿（SDG2）方面，该地区除了新加坡与中国外，所有国家均标注为红色，表明该地区营养失衡和农业发展不可持续性问题严重。同时，还有一部分国家在减少不平等（SDG10）方面存在严重问题。值得注意的是，东亚和南亚地区在推动环境可持续发展方面也面临较为严峻的挑战（SDG11、SDG13～SDG15 以及 SDG2 中的可持续农业发展问题）。总体来说，指示板说明该地区各国需要在平衡经济发展和环境保护方面付出更多努力（如图 2-3 所示）。

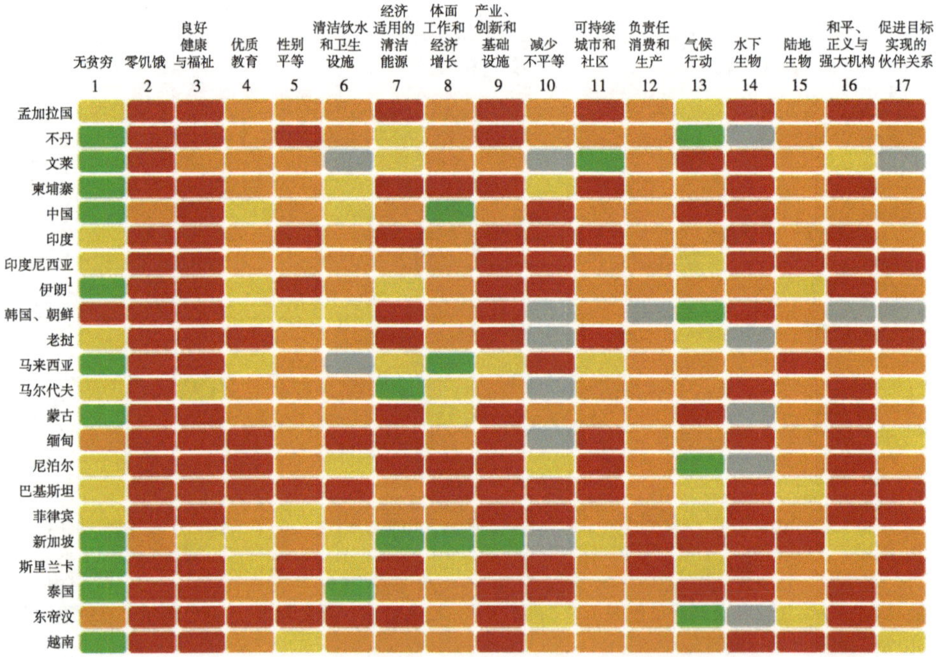

注：绿色表示“已经达标”，黄色表示“差距较小”，橙色表示“差距较大”，红色表示“差距很大”，灰色表示“暂无资料”。

图 2-3　东亚和南亚地区国家落实可持续发展目标进展情况（2018 年）

资料来源：2018 年 SDSN《可持续发展目标指数和指示板全球报告》。

东欧和中亚地区国家在无贫穷（SDG1）以及经济适用的清洁能源（SDG7）方面的表现相对较好，但在零饥饿（SDG2），良好健康与福祉

1　属西亚地区国家。

（SDG3），体面工作和经济增长（SDG8），产业、创新和基础设施（SDG9）以及减少不平等（SDG10）等方面面临严重不足。同时，该地区所有国家都需要做出更大努力，将经济增长与负面环境影响脱钩，因为这些国家在气候行动（SDG13）以及生态系统保护（SDG14～SDG15）等环境类指标上停滞甚至倒退。此外，该地区国家的 SDG16 和 SDG17 的得分相对较低，说明该地区国家需要采取更多措施加强制度建设，提升国际合作水平（如图 2-4 所示）。

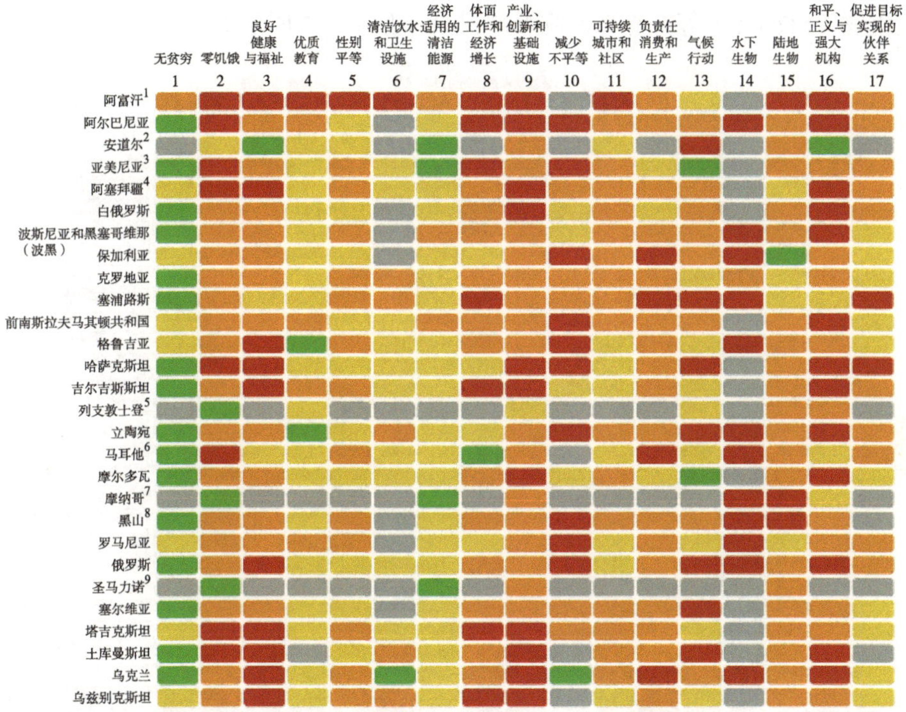

注：绿色表示“已经达标”，黄色表示“差距较小”，橙色表示“差距较大”，红色表示“差距很大”，灰色表示“暂无资料”。

图 2-4　东欧和中亚地区国家落实可持续发展目标进展情况（2018 年）

资料来源：2018 年 SDSN《可持续发展目标指数和指示板全球报告》。

1　属西亚地区国家。

2　属南欧地区国家。

3　属西亚地区国家。

4　属西亚地区国家。

5　属中欧地区国家。

6　属南欧地区国家。

7　属南欧地区国家。

8　属南欧地区国家。

9　属南欧地区国家。

拉丁美洲及加勒比地区面临的最严峻挑战是减少不平等（SDG10）以及和平、正义与强大机构（SDG16）方面，说明该地区经济不平等问题严重，导致暴力事件频发。该地区的一些国家还在产业、创新和基础设施（SDG9）方面存在不小的挑战。除少数国家外，该地区的国家在无贫穷（SDG1）和性别平等（SDG5）方面取得了重大进展。不过，该区域的国家近年来在实现负责任消费和生产（SDG12）、气候行动（SDG13）、水下生物（SDG14）和陆地生物（SDG15）等方面都面临严峻挑战（如图 2-5 所示）。

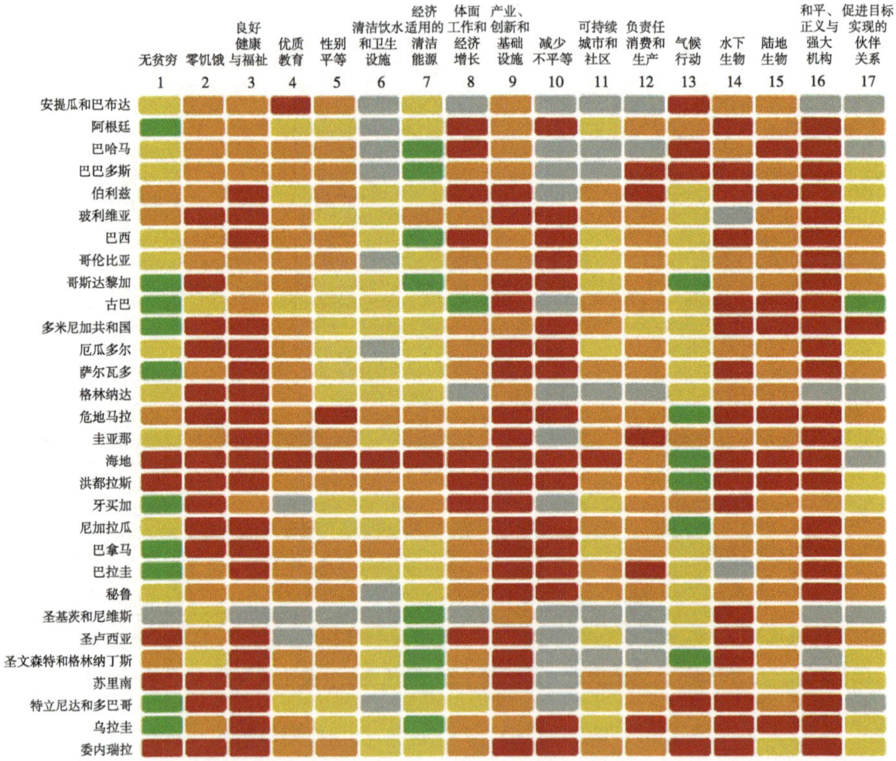

注：绿色表示“已经达标”，黄色表示“差距较小”，橙色表示“差距较大”，红色表示“差距很大”，灰色表示“暂无资料”。

图 2-5　拉丁美洲及加勒比地区国家落实可持续发展目标进展情况（2018 年）

资料来源：2018 年 SDSN《可持续发展目标指数和指示板全球报告》。

在中东及北非的干旱地区，零饥饿（SDG2）以及清洁饮水和卫生设施（SDG6）是该地区国家面临的最具挑战性和紧迫性的问题之一。SDG8、SDG10 等经济类数据分析结果表明该地区有很多国家存在发展缓慢、失业率较高、收入严重不平等的问题，部分国家亟待实现性别平等（SDG5）。除了该地区许多面临重大冲突的国家外，其他国家在无贫穷（SDG1）、良好健康与福祉（SDG3）和经济适用的清洁能源（SDG7）方面取得了很大进展。相比之下，该地区的大多数国家在环境目标，如气候行动（SDG13）、水下生物（SDG14）和陆地生物（SDG15）等方面停滞不前甚至倒退。部分国家由于遭受社会不稳定和冲突问题，在 SDG 各项目标上（如 SDG16）的表现都较差。该地区一些较先进的国家，特别是海湾地区的国家，会产生较高的负面溢出效应，从而降低该地区在 SDG 指数上的整体表现（如图 2-6 所示）。

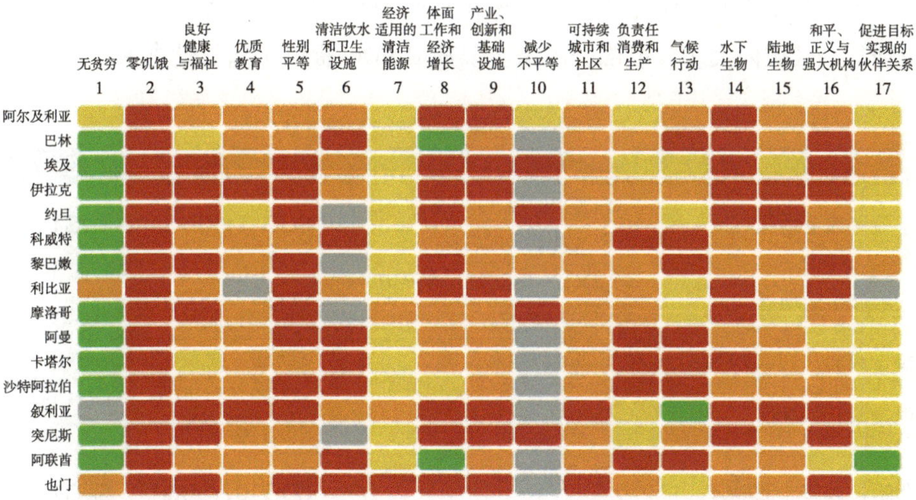

注：绿色表示“已经达标”，黄色表示“差距较小”，橙色表示“差距较大”，红色表示“差距很大”，灰色表示“暂无资料”。

图 2-6　中东与北非地区国家落实可持续发展目标进展情况（2018 年）

资料来源：2018 年 SDSN《可持续发展目标指数和指示板全球报告》。

作为世界上最贫困的地区之一，撒哈拉以南非洲地区几乎面临所有可持续发展目标的挑战（如图 2-7 所示）。具体来说，主要的挑战包括无贫穷（SDG1）、零饥饿（SDG2）、良好健康与福祉（SDG3）、优质教育（SDG4）、清洁饮水和卫生设施（SDG6）以及产业、创新和基础设施（SDG9）方面。尽管千年发展目标实施以来，该地区各国在很多方面已经取得了显著进步，但要实现这些 SDG 还有很长的路要走，这就要求各个国家尽快采取更加有力的措施，包括促进可持续城市和社区（SDG11）以及减少不平等（SDG10）。同样，和平、正义与强大机构（SDG16）问题也是该地区面临的严峻挑战。促进目标实现的伙伴关系（SDG17）的“红色”评级说明撒哈拉以南非洲地区在提高生产力和税收以及发展信息通信技术等领域仍有较大的上升空间。不过，该地区各国在负责任消费和生产（SDG12）、气候行动（SDG13）和陆地生物（SDG15）方面的表现相对较好（如图 2-7 所示）。

表 2-1 总结了上述各地区的国家在实现 SDG 过程中面临的挑战，为实现识别某一区域内大多数或部分国家实现某项 SDG 提供了指导性参考。

表 2-1　不同区域国家的可持续目标的优先性

区域	优先	较为优先
东亚和南亚地区	SDG2、SDG3、SDG9、SDG14、SDG16	SDG11、SDG13、SDG15
东欧和中亚地区	SDG2、SDG3、SDG8～SDG10	SDG13～SDG15
拉丁美洲及加勒比地区	SDG10、SDG16	SDG9、SDG12～SDG15
中东与北非地区	SDG2、SDG6	SDG8、SDG10、SDG13～SDG16
撒哈拉以南非洲地区	SDG1～SDG4、SDG6、SDG9	SDG10、SDG11、SDG16

资料来源：2018 年 SDSN《可持续发展目标指数和指示板全球报告》。

注：绿色表示“已经达标”，黄色表示“差距较小”，橙色表示“差距较大”，红色表示“差距很大”，灰色表示“暂无资料”。

图 2-7　撒哈拉以南非洲地区国家落实可持续发展目标进展情况（2018 年）

资料来源：2018 年 SDSN《可持续发展目标指数和指示板全球报告》。

3

澜湄国家落实 2030 年可持续发展议程评估

根据 SDSN《可持续发展目标指数和指示板全球报告》的排名情况，澜沧江－湄公河沿岸国家总体评分处于中游偏下水平。整体而言，柬埔寨发展底子薄、基础差，推进可持续发展目标的完成情况并不理想，但新的“公私伙伴关系”政策可有效改善商业环境，由中国发起的亚投行的成立有可能为柬埔寨的未来发展“供血”；中国经过 40 多年的改革开放，已经形成了较好的发展基础，而且中国政府已经陆续出台了与可持续发展目标相配套的制度与政策，显示了中国政府的高度重视，尽管目前中国在良好健康与福祉（SDG3）、减少不平等（SDG10）、气候行动（SDG13）、水下生物（SDG14）等方面挑战不小，但仍然有很大的可能全面落实 2030 年可持续发展议程；尽管老挝政府在制定国家发展规划考虑到了可持续发展目标，并结合老挝国情提出“第 18 项可持续发展目标：拯救受未爆炸弹药生存威胁的人类”，但在数据收集以及资金筹措等方面的能力不足对老挝推进可持续发展目标的进程而言还是一大亟待解决的障碍；缅甸近年来的可持续发展处于相对停滞的状态，尽管 2016 年缅甸成立了国家可持续目标指导委员会，也颁布了《缅甸可持续发展规划 2018—2030》，但这些机制和法案能否转变成真正的执行力，仍然有待时间检验；泰国在中南半岛五国中发展基础最佳，在实现可持续发展目标上更为积极主动，发展前景更为乐观；越南在 2018 年 SDG 指数排行榜中刷新了自身的最好成绩，但是“偏科严重”限制了其进一步保持发展势头的可能性。这说明，越南要想顺利实现 2030 年可持续发展目标，还面临着十分严峻的考验。

3.1 澜湄国家落实 2030 年可持续发展议程的总体情况

在 2016 年东亚与南亚地区国家的可持续发展目标（SDG）得分情况中，澜沧江 – 湄公河沿线的中国、老挝、缅甸、泰国、柬埔寨以及越南六国的整体排名处于中游，在全球共 149 个国家之中，主要分布于第 70 ~ 120 名的区间内，上述六国平均得分为 52.95 分。可以看出，澜湄六国的整体可持续发展水平相对不高，离 2030 年 SDG 的实现仍有较大距离。其中，在澜沧江 – 湄公河沿线的六国中，泰国（62.2 分）、中国（59.1 分）与越南（57.6 分）的得分较高，而老挝（49.9 分）、缅甸（44.5 分）与柬埔寨（44.4 分）得分较低，由此可见澜湄国家内部存在可持续发展水平的差异（见表 3-1）。

表 3-1　澜湄国家实现 2030 年可持续发展目标完成情况（2016 年）

	项目	中国	老挝	缅甸	泰国	柬埔寨	越南
●	世界排名（共 149 位）	76	107	117	61	119	88
●	得分分值（共 100 分）	59.1	49.9	44.5	62.2	44.4	57.6
●	地区平均（共 100 分）	54.6					
目标完成情况							
1	无贫穷						
2	零饥饿						
3	良好健康与福祉						
4	优质教育						
5	性别平等						

	项目	中国	老挝	缅甸	泰国	柬埔寨	越南
6	清洁饮水和卫生设施	[黄]	[红]	[红]	[黄]	[红]	[黄]
7	经济适用的清洁能源	[黄]	[红]	[红]	[黄]	[红]	[红]
8	体面工作和经济增长	[绿]	[红]	[红]	[黄]	[红]	[红]
9	产业、创新和基础设施	[红]	[红]	[红]	[红]	[红]	[红]
10	减少不平等	[红]	[黄]	[灰]	[黄]	[黄]	[黄]
11	可持续城市和社区	[红]	[红]	[红]	[红]	[黄]	[红]
12	负责任消费和生产	[黄]	[红]	[红]	[红]	[红]	[红]
13	气候行动	[红]	[黄]	[黄]	[红]	[红]	[红]
14	水下生物	[红]	[灰]	[红]	[黄]	[红]	[红]
15	陆地生物	[红]	[红]	[黄]	[红]	[红]	[红]
16	和平、正义与强大机构	[红]	[红]	[红]	[红]	[红]	[红]
17	促进目标实现的伙伴关系	[绿]	[黄]	[红]	[黄]	[黄]	[黄]

注：绿色表示“已经达标”，黄色表示“差距较小”，红色表示“差距很大”，灰色表示“暂无资料”。
资料来源：2016 年 SDSN《可持续发展目标指数和指示板全球报告》。

在指示板部分，澜湄六国在 SDG 实现上面临着非常大的挑战。具体来说，所有国家在零饥饿（SDG2），良好健康与福祉（SDG3），产业、创新和基础设施（SDG9）及和平、正义与强大机构（SDG16）等方面都面临严峻的挑战，而大于或等于 2/3 的国家还在性别平等（SDG5）、经济适用的清洁能源（SDG7）、体面工作和经济增长（SDG8）、可持续城市和社区（SDG11）、负责任消费和生产（SDG12）、气候行动（SDG13）、水下生物（SDG14）、陆地生物（SDG15）等领域仍有非常大的上升空间。

根据 2017 年 SDSN《可持续发展目标指数和指示板全球报告》的排名，在全球共 157 个国家中，东亚与南亚地区国家的平均得分为 63.3 分。澜湄国家中，泰国以 69.5 分排名第 55 名，越南以 67.9 分排名第 68 名，中国以 67.1 分排名第 71 名，老挝以 61.4 分排名第 107 名，缅甸以 59.5 分排名第 110 名，柬埔寨以 58.2 分排名第 114 名。整体而言，2017 年澜湄国家的指标得分在全部国家中的排名处在中后位，距离 2030 年可持续发展目标的实现仍有一定距离（见表 3-2）。

表 3-2　澜湄国家实现 2030 年可持续发展目标完成情况（2017 年）

	项目	中国	老挝	缅甸	泰国	柬埔寨	越南
●	世界排名（共 157 位）	71	107	110	55	114	68
●	得分分值（共 100 分）	67.1	61.4	59.5	69.5	58.2	67.9
●	地区平均（共 100 分）	63.3					
目标完成情况							
1	无贫穷	绿	橙	红	绿	绿	绿
2	零饥饿	橙	红	橙	红	红	红
3	良好健康与福祉	红	红	红	红	红	红
4	优质教育	橙	橙	橙	橙	橙	橙
5	性别平等	橙	橙	橙	橙	橙	黄
6	清洁饮水和卫生设施	橙	红	橙	黄	红	黄
7	经济适用的清洁能源	橙	红	红	橙	红	橙
8	体面工作和经济增长	黄	红	红	黄	红	红
9	产业、创新和基础设施	橙	红	红	红	红	红
10	减少不平等	红	橙	灰	橙	黄	橙
11	可持续城市和社区	橙	红	红	橙	橙	红
12	负责任的消费和生产	橙	橙	橙	橙	橙	橙
13	气候行动	红	黄	黄	红	橙	橙
14	水下生物	红	灰	红	橙	红	橙
15	陆地生物	橙	橙	橙	红	橙	红
16	和平、正义与强大机构	橙	红	红	红	红	橙
17	促进目标实现的伙伴关系	橙	橙	绿	橙	红	黄

注：绿色表示“已经达标”，黄色表示“差距较小”，橙色表示“差距较大”，红色表示“差距很大”，灰色表示“暂无资料”。

资料来源：2017 年 SDSN《可持续发展目标指数和指示板全球报告》。

在指示板部分，除了中国以外，澜湄流域每个国家均有超过 6 项 SDG 被标注为红色。由此可见，中南半岛五国的 SDG 实现过程中均面临较大挑战。但相对 2016 年，2017 年澜湄国家取得了比较大的进步：在无贫穷（SDG1）以及促进目标实现的伙伴关系（SDG17）上的表现尚佳，澜湄六国也仅在良好健康与福祉（SDG3）上全部被标注为红色。同时还有 4 个及以上国家在零饥饿（SDG2）、体面工作和经济增长（SDG8）、产业、创新和基础设施（SDG9）与和平、正义与强大机构（SDG16）方面仍然需要继续努力。

根据 2018 年 SDSN《可持续发展目标指数和指示板全球报告》的排名，在全球共 156 个国家中，东亚和南亚地区国家的平均得分为 64.1 分。在湄公河流域的主要国家中，越南以 69.7 分排名全球第 57 名，泰国以 69.2 分排名全球第 59 名，老挝和柬埔寨分别以 60.6 分和 60.4 分排名全球第 108 名和第 109 名，缅甸以 59.0 分排名第 113 名。由此可见，虽然离 2030 年可持续发展目标仍有一定差距，但在 2016—2018 年，澜湄六国可持续发展水平与能力获得了较大发展（见表 3-3）。

表 3-3 澜湄国家实现 2030 年可持续发展目标完成情况（2018 年）

	项目	中国	老挝	缅甸	泰国	柬埔寨	越南
●	世界排名（共 156 位）	54	108	113	59	109	57
●	得分分值（共 100 分）	70.1	60.6	59.0	69.2	60.4	69.7
●	地区平均（共 100 分）	64.1					
目标完成情况							
1	无贫穷						
2	零饥饿						
3	良好健康与福祉						
4	优质教育						
5	性别平等						

	项目	中国	老挝	缅甸	泰国	柬埔寨	越南
6	清洁饮水和卫生设施	黄	橙	红	绿	黄	橙
7	经济适用的清洁能源	橙	红	红	橙	红	橙
8	体面工作和经济增长	绿	橙	橙	橙	红	橙
9	产业、创新和基础设施	橙	红	红	红	红	红
10	减少不平等	红	灰	灰	红	黄	橙
11	可持续城市和社区	橙	红	红	橙	红	橙
12	负责任消费和生产	橙	橙	橙	橙	橙	橙
13	气候行动	红	黄	橙	红	橙	橙
14	水下生物	红	灰	红	红	红	红
15	陆地生物	橙	橙	橙	橙	橙	红
16	和平、正义与强大机构	橙	红	红	红	红	红
17	促进目标实现的伙伴关系	橙	红	绿	橙	橙	黄

注：绿色表示“已经达标”，黄色表示“差距较小”，橙色表示“差距较大”，红色表示“差距很大”，灰色表示“暂无资料”。

资料来源：2018 年 SDSN《可持续发展目标指数和指示板全球报告》。

在指示板部分，良好健康与福祉（SDG3）、水下生物（SDG14）是澜湄国家所面临的共同挑战。零饥饿（SDG2），产业、创新和基础设施（SDG9），和平、正义与强大机构（SDG16）在中南半岛五国也全部被标注成“红色”，表明五国在今后发展过程中还要在提升农业可持续管理、加强基础设施建设以及保障国内政局平稳等方面下大功夫。

整体而言，澜湄国家的指标得分在全部国家中的排名处在中后位，距离 2030 年可持续发展目标的实现仍有一定距离。在澜湄六国中，中国、越南、泰国表现最好，高于东亚和南亚地区平均得分的 64.1 分，但仅在全球排名的中等偏上位置；老挝、柬埔寨、缅甸在全球排名中的位置靠后、得分低于东亚和南亚地区平均得分，与 2030 年可持续发展目标要求差距较大。

在指示板中，澜湄六国在无贫穷（SDG1）以及促进目标实现的伙伴关系（SDG17）上表现较好，但良好健康与福祉（SDG3）与水下生物（SDG14）是澜湄国家所面临的共同挑战，其中前者是“老大难”问题，而后者表明近年来部分澜湄国家在海洋生态保护方面表现出停滞甚至倒退的现象。此外，零饥饿（SDG2），产业、创新和基础设施（SDG9），和平、正义与强大机构（SDG16）也是澜湄六国需面对的重要课题。由此可见，六个国家在落实 2030 年可持续发展议程过程中均面临不同程度的挑战。同时，澜湄国家大多遇到贫困和国内政局等问题，在推进实现可持续发展目标过程中需要较多地提升国际合作伙伴关系，因此，本国国家政策、外部援助都将成为影响澜湄国家 SDG 表现的重要因素，同时 SDG 的执行机构对各项指标进行有效监测也显得尤为必要。

3.2 柬埔寨落实 2030 年可持续发展议程进展评估

3.2.1 柬埔寨可持续发展现状分析

柬埔寨是传统农业国，工业基础薄弱。为此，柬埔寨政府执行以“增长、就业、公平、效率”为核心的国家发展“四角战略”（即农业、基础设施建设、私人经济、人力资源开发），加速柬埔寨现代化进程。自 1999 年，柬埔寨迎来了和平重建后的第一个经济高速增长期，经济增长率保持在 6.5% 以上。2004 年 10 月，柬埔寨加入世界贸易组织（WTO），国内经济增长率超过 10%。1999—2007 年，柬埔寨年均经济增长率为 9.8%。但是 2008 年全球金融危机对柬埔寨经济造成较大冲击，经过一段时间调整以及欧美市场需求回温，柬埔寨的经济得到恢复。近年来，柬埔寨的经济发展逐渐进入快车道，国内经济增速超过 7%，宏观经济形势相对平稳，产业结构正逐步调整和优化。目前柬埔寨的产业结构已经有了显著变化：农业占国内生产总值（GDP）的比重逐渐降低，工业占 GDP 的比重急剧上升，服务业的 GDP 占比情况则较为稳定。

在强劲经济增长和农产品价格高企等因素的推动下，柬埔寨的贫困发生率已由 2007 年的 47.8% 下降到 2014 年的 13.5%，贫困发生率显著下降，因而也被世界银行视为实现千年发展目标的“先驱”（trailblazers）①。据世界银行统计，2015 年柬埔寨人均国民总收入（GNI）超过 1 025 美元，已脱离低收入国家行列，上升为中等偏下收入国家②。随着产业结构变动，劳动力逐渐从农业部门向工业与服务业部门转移。教育覆盖面也在逐步拓展，2018 年柬埔寨全国包括公立、私立和社区学校已经超过 14 000 所。此外，柬埔寨政府还通过实施职业技能和技术培训的国家政策，以满足国内外劳工市场需求。同时，针对处于“贫困边缘”人口，柬埔寨政府于 2017 年发布了《2016—2025 年柬埔寨社会保障国家政策战略》，旨在进一步发展柬埔寨全国性的社会保障系统，特别是要减少弱势群体因为意外事件而“返贫”的可能性。当然，这些变化虽然取得了一定的效果，但是在短时间内还无法改变柬埔寨国内通信与基础设施建设基础薄弱的现状。

值得注意的是，柬埔寨的快速发展很大程度上是以消耗自然资源与破坏生态环境为代价的，也损害了柬埔寨的可持续发展。农地的大幅扩张使得柬埔寨的林地和湿地面积都有所减少，并且引发土地退化与土地侵蚀问题，导致农渔业产量下滑。此外，城市化的发展也对柬埔寨的大气污染防治、固体废物处理以及海洋生态保护等方面的工作带来了一些问题。

柬埔寨实行对外开放和自由市场经济政策，特别重视培养维护对外贸易关系和引进外资。2000—2016 年，柬埔寨的出口总额由 13.89 亿美元增至

① The World Bank. Systematic Country Diagnostic：Cambodia—Sustaining Strong growth for the Benefit of All［R］. Washington. D. C: World Bank Publications，2017.

② 根据世界银行的标准，2015 年人均国民总收入（GNI）低于 1 025 美元的国家被列入低收入国家，人均国民收入为 1 026 ~ 4 035 美元的国家被列入中等偏下收入国家，人均国民总收入为 4 036 ~ 12 475 美元的国家被列入中等偏高收入国家，人均国民总收入超过 12 476 美元的国家则被列入高收入国家。

100.69 亿美元，年均增长率达到 13.18%。在进出口贸易的地区结构中，美国、英国和德国稳居柬埔寨出口贸易国的前三位，中国、泰国和越南稳居柬埔寨进口贸易国的前三位。2000—2015 年，柬埔寨的国外直接投资（FDI）流入量由 1.48 亿美元增至 17 亿美元，FDI 流入量占 GDP 的比重由 4.06% 上升至 9.42%，中国是柬埔寨最大的投资国。柬埔寨还积极加入地区合作组织，于 1999 年加入东盟，成为东盟第 10 个成员国。入盟后，柬埔寨积极参与东盟政治合作机制和经济一体化进程，坚持成员国协商一致和不干涉内政等原则，主张加强合作，缩小新老成员间的差距，重视国际反恐合作，积极支持建立东亚经济共同体和安全共同体。柬埔寨重视并加强与东盟内部及大湄公河次区域的经济合作，积极推动建立并加强柬老越经济三角区、柬泰老经济三角区和柬泰老缅四国经济合作机制。2008 年 2 月，柬埔寨国会通过《东盟宪章》。2012 年，柬埔寨在担任东盟轮值主席国期间，多次举办东亚峰会、东盟峰会、东盟外长会等国际会议。

3.2.2 柬埔寨落实 2030 年可持续发展目标的顶层设计

3.2.2.1 可持续发展目标的“本土化”

2030 年可持续发展议程出台后，柬埔寨政府首先对该议程与柬埔寨的国家发展规划，特别是国家战略发展计划（National Strategic Development Plan，NSDP），进行对接，整体评估柬埔寨现行政策与 2030 年可持续发展议程之间的差距。在 2030 年可持续发展议程中的 169 项可持续发展具体目标中，有 60 项因各种原因未予考虑[①]。而在柬埔寨最后纳入评估的 109 项可持续发展目标中，有 85 项（78%）已由现行的国家战略规划进程和政策予以呼应。现已部分呼应了 17 项，尚未呼应的有 7 项（如图 3-1 所示）。

---

① 其中 43 项无法根据该国现行政策进行评估，4 项被视为“不适用于柬埔寨”，13 项因缺乏相关外部政策和机构的信息而未被考虑。

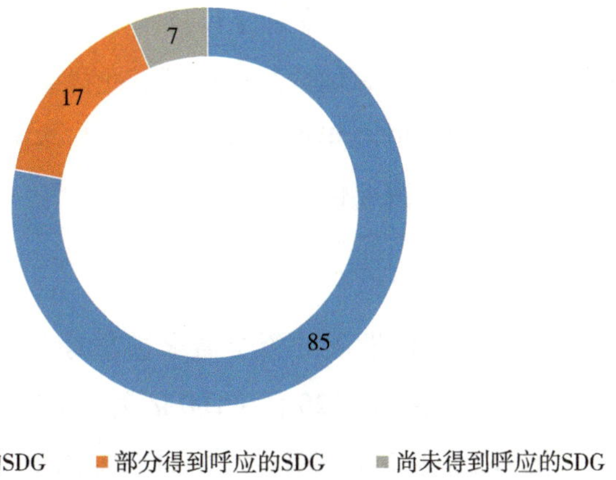

图 3-1 柬埔寨现行政策与 2030 年可持续发展议程评估对照

资料来源：UNDP，Rapid Integrated Assessment – Cambodia SDG Profile［R/OL］.（2016-10-07）［2021-07-16］. 2016，available at https://data.opendevelopmentmekong.net/dataset/f586746e-96df-4e8a-b20a-29a2776920c1/resource/bb599fd8-4038-4c21-bf29-6c21415e4298/download/ria_cambodia_analysis_07oct2016.pdf.

柬埔寨内阁 2018 年 1 月审议通过《2016—2030 年可持续发展目标框架》（以下简称《目标框架》），为实现联合国 2030 年可持续发展目标设立了相应的目标和指标。柬方宣布，《目标框架》将被纳入即将公布的新五年国家战略发展计划中，以确保未来各项重大发展计划与可持续发展目标相结合。自 2015 年，柬埔寨规划部就开始负责拟定《目标框架》，其中一项重要任务是把联合国设定的可持续发展目标和指标“本地化”。目前，柬埔寨一共确定将 18 项可持续发展目标（SDG）①、47 项具体目标（Target）和 147 项指标（Indicators）纳入新的国家战略发展计划中。2019—2023 年柬埔寨国家战略发展计划将致力把上述目标和指标转化为行动和优先事项，特别是在消除贫穷率（SDG1）方面②。

① 柬埔寨政府还自愿加入第 18 项 SDG 扫雷行动目标。

② 柬中时报，2018，内阁审议通过可持续发展目标和指标［N/OL］. 柬中时报，2018-11-19［2018-12-01］. https://cc-times.com/posts/3308.

此外，2019 年，柬埔寨还参加了可持续发展高级别政治论坛，并参与第四轮 SDG 自愿国别评估，柬埔寨政府也可借此机会进一步评估柬埔寨的优先发展事项，深层次整合 2030 年可持续发展议程与本国国家战略、计划和预算的关系，并建立 SDG 监测评估系统。

3.2.2.2 拓展公私伙伴关系

近年来，柬埔寨国内发展的资金需求量非常大，据亚洲开发银行估计，2013—2022 年，柬埔寨需要 120 亿～160 亿美元的公共基础设施建设投资才能满足其城市化和工业化进程的需求[①]，而柬埔寨政府多是利用传统的国家预算资金和从发展伙伴处筹集到的资金来投入公共基础设施建设中。不过，“公私伙伴关系”（Public-Private Partnership，PPP）的合作模式也逐渐受到柬埔寨政府的高度关注。2016 年 9 月，柬埔寨内阁通过《公共投资项目公私伙伴关系机制政策（2016—2020 年）》，鼓励私营企业通过与政府合作的方式，参与到公共基础设施的建设中来，这一政策的出台为 PPP 项目的顺利实施提供了保障。

3.2.2.3 提升全球伙伴关系带动国内发展

2017 年，柬埔寨获得了 13.5 亿美元的官方发展援助总额，比 2016 年有所增加。预计柬埔寨很可能在未来 10 年内从最不发达国家之列“毕业”。因此，多边银行提供的软贷款和优惠贸易关系将对柬埔寨的发展道路产生非常大的外部影响。

目前，中国成为了为柬埔寨的发展提供官方援助的主要国家。在亚洲基础设施投资银行和丝路基金的支持下，中柬合作可以促进柬埔寨和中国及周边区域、国家的互联互通，并可显著改善柬埔寨实现 SDG 的方式。此外，柬

---

① Asia Development Bank. Assessment of Public–Private Partnerships（PPP）in Cambodia：Constraints and Opportunities［J］. ADB Reports，2012.

埔寨与日本也正朝“全面战略伙伴关系”迈进，日本主导的亚洲开发银行也与柬埔寨保持着密切合作关系，并将继续加大对柬埔寨的援助与投资力度。这些伙伴关系对带动柬埔寨国内可持续发展都具有重要作用。

3.2.3 柬埔寨落实 2030 年可持续发展目标情况评估

表 3-4 归纳了柬埔寨 2016—2018 年落实 2030 年可持续发展目标进展情况。总体而言，柬埔寨可持续发展表现得分不断提高，国际排名也小幅上升，但与区域平均得分之间还有一定差距。在无贫穷（SDG1）方面，柬埔寨表现良好，但在零饥饿（SDG2），良好健康与福祉（SDG3），经济适用的清洁能源（SDG7），体面工作和经济增长（SDG8），产业、创新和基础设施（SDG9），水下生物（SDG14）以及和平、正义与强大机构（SDG16）等方面挑战不小。具体分析见表 3-4。

表 3-4 柬埔寨落实 2030 年可持续发展目标进展情况（2016—2018 年）

年份	2016	2017	2018
世界排名	119/149	114/157	109/156
得分 / 地区平均	44.4/54.6	58.2/63.3	60.4/64.1
目标完成情况			
SDG1			
SDG2			
SDG3			
SDG4			
SDG5			
SDG6			
SDG7			
SDG8			
SDG9			

年份	2016	2017	2018
SDG10	黄色	黄色	黄色
SDG11	黄色	橙色	红色
SDG12	红色	橙色	橙色
SDG13	红色	橙色	橙色
SDG14	红色	红色	红色
SDG15	红色	橙色	橙色
SDG16	红色	红色	红色
SDG17	黄色	红色	橙色

注：绿色表示“已经达标”，黄色表示“差距较小”，橙色表示“差距较大”，红色表示“差距很大”。不过因为 2016 年报告尚未加入橙色，而以黄色统一表示“有不小差距”。
资料来源：2016—2018 年 SDSN《可持续发展目标指数和指示板全球报告》。

在 2016 年《可持续发展目标指数和指示板全球报告》的指数部分，柬埔寨得分为 44.4 分，全球排名第 119 名，远低于东亚和南亚地区国家的平均水平，在澜湄国家中的评分最低。在指示板部分，柬埔寨没有一项目标获得“绿色”的评分。除了无贫穷（SDG1）、优质教育（SDG4）、减少不平等（SDG10）、可持续城市和社区（SDG11）以及促进目标实现的伙伴关系（SDG17）五项数据为“黄色”外，其余所有指标均为“红色”。因此，柬埔寨在推进可持续发展目标时面临着诸多困难，仍需要较长的时间才可实现国家的可持续发展。

在 2017 年《可持续发展目标指数和指示板全球报告》的指数部分，柬埔寨得分为 58.2 分，低于东亚和南亚地区国家的平均分（63.3 分），排名全球第 114 名，在湄公河流域国家中 SDSN 评分最低、发展不理想。在指示板部分，柬埔寨仅有无贫穷（SDG1）一项为总体“绿色”，半数以上的项目均被标注为总体“红色”，其中经济适用的清洁能源（SDG7），产业、创新和基础设施（SDG9），气候行动（SDG13），水下生物（SDG14）得分均低于 50 分，意味着这 4 个项目与 2030 年目标的完成有相当大的差距。

在 2018 年《可持续发展目标指数和指示板全球报告》的指数部分，柬埔寨得分（60.4 分），低于东亚和南亚地区国家的平均分（64.1 分），排名全球第 109 名。在指示板部分，柬埔寨仅有无贫穷（SDG1）一项指标为总体“绿色”，近半数目标均指示为总体“红色”，其中经济适用的清洁能源（SDG7），体面工作和经济增长（SDG8），产业、创新和基础设施（SDG9），水下生物（SDG14）与陆地生物（SDG15）得分均低于 50 分，意味着这五个项目与 2030 年可持续发展目标的完成有相当大的差距。结合 2018 年《可持续发展目标指数和指示板全球报告》中新增的趋势板块来看（图 3-2），柬埔寨在无贫穷（SDG1）、体面工作和经济增长（SDG8）方面进步较快，但在陆地生物（SDG15）以及和平、正义与强大机构（SDG16）等目标上出现倒退。

图 3-2 柬埔寨实现可持续发展目标趋势图（2018 年）

资料来源：2018 年 SDSN《可持续发展目标指数和指示板全球报告》。

综上所述，柬埔寨最初在中南半岛五国中可持续发展目标表现评分最低，说明柬埔寨各项 SDG 的完成情况并不理想。但近年来，柬埔寨的 SDG 评分连续 3 年有所提高，在整体评分不够理想的情况下，仍有一项目标无贫穷（SDG1）为“绿色”。目前，柬埔寨政府已经扎实推进可持续目标在本土的落地与实施，新的“公私伙伴关系”政策可能有效改善本国的商业环境，中国发起成立的亚洲基础设施投资银行或将为柬埔寨未来的可持续发展进程“供血”。

3.3 中国落实 2030 年可持续发展议程进展评估

3.3.1 中国可持续发展现状分析

经过 40 多年的改革开放，中国已经走出了自己独特的发展道路。当前，中国经济发展进入新常态，中国特色社会主义进入新时代，社会的主要矛盾已经转化为人民日益增长的美好生活需要和不平衡不充分的发展之间的矛盾，中国经济已由高速增长阶段转向高质量发展阶段。在 GDP 增速出现放缓趋势的同时，中国经济正处在转变发展方式、优化经济结构、转换增长动力的攻关期。在这一时期，中国经济结构调整的力度前所未有，创新驱动的自觉性前所未有，经济保持稳中有进、稳中向好的中高速增长，经济结构优化速度在不断加快，数字经济等新兴产业蓬勃发展，高铁、公路、机场等基础设施建设快速推进。

在社会民生方面，在中国共产党的领导下，中国人民生活发生了翻天覆地的变化，生活水平不断提高。在消除极端贫困与饥饿方面，1990—2011 年，中国贫困人口减少了 4.39 亿，为全球减贫事业做出了巨大贡献。2004 年以来，中国粮食产量连续 11 年增长，用占世界不足 10% 的耕地，养活了占世界近 20% 的人口。营养不良人口占总人口比例由 1990—1992 年的 23.9% 下降至 2012—2014 年的 10.6%，是全球最早实现千年发展目标中减贫目标的发展中国家①。目前，中国就业形势总体保持稳定，就业结构不断优化。居民收入与经济增长同步，消费对增长的贡献率显著提升。社会保险覆盖面进一步扩大，全民参保计划稳步推进，高等教育向普及化阶段过渡，公共卫生事业和社会事业繁荣发展，经济社会发展协调性显著增强。

一段时间以来，生态环境已成为制约我国社会经济持续健康发展的突

① 中国外交部，联合国驻华系统 . 中国实施千年发展目标报告（2000—2015 年）[R/OL]，(2015-07-23)[2018-10-09] . http://www.cn.undp.org/content/china/zh/home/library/mdg/mdgs-report-2015-/.

出短板，在落实联合国千年发展目标过程中，尽管中国在自然保护建设、湿地恢复、濒危物种保护等方面做出了大量努力，但受威胁物种数量减少的趋势没有得到根本缓解。党的十八大以来，中国各级政府牢固树立和切实践行“绿水青山就是金山银山”的理念，在生态文明改革上迈出了坚实的步伐，从法律法规建设到体制机制改革，都做了扎实有效的工作。绿色循环低碳产业体系正在建立，生态环境领域中人民群众关心的一些重大问题得到初步解决，维护人民身体健康的大气、水、土壤污染问题得到逐步控制、缓解和改善，生态环境明显改善，人民群众福祉持续提升、获得感不断增强。

作为世界上最大的发展中国家，中国始终把发展作为第一要务，在推进可持续发展过程中不断创新理念。2015 年，党的十八届五中全会上确定了“创新、协调、绿色、开放、共享”五大发展理念。2016 年 3 月第十二届全国人民代表大会第四次会议审议通过“十三五”规划，将可持续发展理念融入国家发展战略与中长期规划当中。党的十九大报告提出要“贯彻新发展理念，建设现代化经济体系”，这意味着新发展理念是未来很长一段时间我国发展思路、发展方向、发展着力点的集中体现。

中国还积极通过参与国际发展合作履行国际责任。中国作为负责任大国，在实现自我发展的同时，也积极通过南南合作向其他发展中国家提供力所能及的帮助。中国政府提出共建“丝绸之路经济带”和“21 世纪海上丝绸之路”的重大倡议，与国际社会密切合作，共同维护多边贸易体制和金融体制，完善全球治理体系。60 多年来，中国共向 166 个国家和国际组织提供了近 4 000 亿元人民币的援助，为发展中国家培训各类人员 1 200 多万人次，派遣 60 多万援助人员①。中国始终把中国人民的利益同各国人民的共同利益结合起来，共同推动建设人类命运共同体。

---

① 中华人民共和国国务院新闻办公室，2016. 发展权：中国的理念、实践与贡献［M］. 北京：人民出版社 .

未来中国将继续追求创新发展，提高发展质量和效率，促进协调发展，形成均衡的发展结构。中国将通过推广绿色低碳发展模式和生活方式，保护生态系统，实现绿色发展。努力深化对外开放，实现合作共赢，共同发展，全面改善人民生活品质。

3.3.2 中国落实 2030 年可持续发展目标的顶层设计

3.3.2.1 积极践行中国的国际发展承诺

2015 年 9 月，联合国可持续发展峰会通过 2030 年可持续发展议程后，中国国家主席习近平发表了题为《谋共同永续发展　做合作共赢伙伴》的重要讲话，表明中国愿为实现 2015 年后发展议程做出努力，并将设立国际发展知识中心，同各国一道研究和交流适合各自国情的发展理论和发展实践。为帮助其他发展中国家落实可持续发展议程，中国设立了“中国—联合国和平与发展基金”“南南合作援助基金”“中国气候变化南南合作基金”，并承诺增加对最不发达国家投资，免除对有关最不发达国家、内陆发展中国家和小岛屿发展中国家截至 2015 年底到期未归还的政府间无息贷款债务。此外，中国将为发展中国家在减贫、农业合作、促贸、生态保护和应对气候变化、医疗设施、教育培训方面提供“6 个 100”的项目支持。

目前，“南南合作援助基金”已经成功启动，首期提供 20 亿美元。随着《南南合作援助基金项目申报与实施管理办法（试行）》的发布，首批南南合作援助基金项目也已落地。2016 年 5 月，中国同联合国签署中国—联合国和平与发展基金协议，提供为期 10 年、总额 10 亿美元资金支持和平与发展。目前中国也正在通过中国气候变化南南合作基金，在发展中国家开展低碳示范区、减缓和适应气候变化等项目建设，为需要帮助的国家提供人员培训；此外，中国还通过赠送可再生能源及气候变化监测预警设备、辅助编制应对气候变化政策规划、推广气候友好型技术等，为一些发展中国家应对气候变化提供资金、技术和能力建设支持。中国还将继续大力推进“一带一路”

建设，推动亚洲基础设施投资银行和金砖国家新开发银行等机构发挥更大作用。

2016 年，作为二十国集团（G20）主席国，中国首次将发展问题置于全球宏观政策框架的突出位置，围绕落实 2030 年可持续发展议程制定了《二十国集团落实 2030 年可持续发展议程行动计划》，将可持续发展问题置于核心位置，优化并协调了 G20 在发展领域的政策，为全球落实 2030 年可持续发展议程提供政治动力。

3.3.2.2 首发国别进展报告

中国政府高度重视落实 2030 年可持续发展议程。2016 年 4 月，中国发布了《落实 2030 年可持续发展议程中方立场文件》，系统阐述了中国关于落实 2030 年可持续发展议程的原则、重点、举措及主张。同年 7 月中国参加了联合国可持续发展高级别政治论坛，成为首批进行自愿国别评估的国家之一。2016 年 9 月李克强总理在纽约联合国总部主持召开“可持续发展目标：共同努力改造我们的世界——中国主张”座谈会，并宣布发布《中国落实 2030 年可持续发展议程国别方案》(以下简称《国别方案》)。《国别方案》是指导中国开展落实工作的行动指南，其中的战略对接部分是落实该方案的非常重要的一项内容，其重点工作就是将可持续发展目标及其具体内容全面纳入国家发展总体规划，并在专项规划中予以细化、统筹和衔接。

2017 年 8 月，中国政府组建了国际发展知识中心，为各国共同实现联合国 2030 年可持续发展目标提供了一个很好的交流平台，同时发布了《中国落实 2030 年可持续发展议程进展报告》，该报告总结了中国早期在落实 2030 年可持续发展议程时的做法和经验，并展示了重要收获。

3.3.2.3 将落实可持续发展议程与国家发展规划相结合

2016 年 3 月举行的第十二届全国人民代表大会第四次会议审议通过了“十三五”规划，将 2030 年可持续发展议程与中国国家中长期发展规划进行有机结合。“十三五”规划提出“积极落实 2030 年可持续发展议程”，实现了 2030 年可持续发展议程与中国国家中长期发展规划的有效对接。

各政府部门围绕“十三五”规划在经济、社会、环境等领域的具体工作也将有力推动 2030 年可持续发展目标的实现。例如，在经济领域制定了《国家创新驱动发展战略纲要》《国家信息化发展战略纲要》，社会领域出台了《“健康中国 2030”规划纲要》。

3.3.3 中国落实 2030 年可持续发展议程目标情况评估

表 3-5 归纳了中国 2016—2018 年落实 2030 年可持续发展目标进展情况。总体而言，中国可持续发展表现得分不断提高，国际排名也不断上升，优于东亚和南亚地区平均表现。在无贫穷（SDG1）、体面工作和经济增长（SDG8）领域有不俗表现，但在良好健康与福祉（SDG3）、减少不平等（SDG10）、气候行动（SDG13）、水下生物（SDG14）等方面均面临着严峻挑战。

表 3-5 中国落实 2030 年可持续发展目标进展情况（2016—2018 年）

年份	2016	2017	2018
世界排名	76/149	71/157	54/156
得分 / 地区平均	59.1/54.6	67.1/63.3	70.1/64.1
目标完成情况			
SDG1			
SDG2			
SDG3			
SDG4			
SDG5			
SDG6			
SDG7			

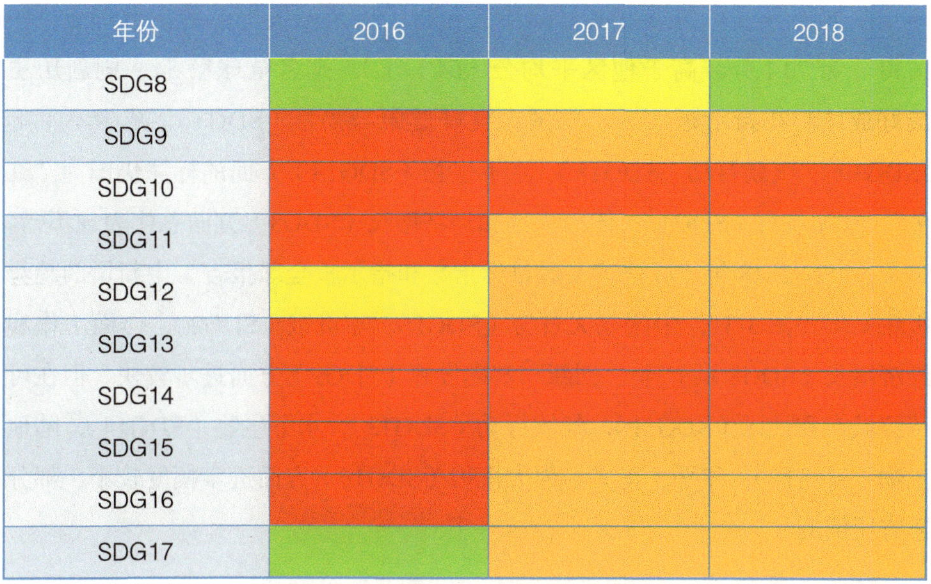

注：绿色表示“已经达标”，黄色表示“差距较小”，橙色表示“差距较大”，红色表示“差距很大”。不过因为 2016 年报告尚未加入橙色，而以黄色统一表示“有不小差距”。
资料来源：2016—2018 年《可持续发展目标指数和指示板全球报告》。

在 2016 年《可持续发展目标指数和指示板全球报告》的指数部分，中国得分为 59.1 分，高于东亚和南亚地区的平均分（54.6 分），位于第 76 名。在指示板部分，中国在优质教育（SDG4）、体面工作和经济增长（SDG8）、促进目标实现的伙伴关系（SDG17）方面获得“绿色”的评分。而超过一半的目标数据（9 项）为“红色”。这表明中国推进可持续发展目标之路并不轻松。

在 2017 年《可持续发展目标指数和指示板全球报告》的指数部分，中国得分为 67.1 分，排名全球第 71。在指示板部分，中国仅有无贫穷（SDG1）一项被标注为“绿色”，在良好健康与福祉（SDG3）、减少不平等（SDG10）、气候行动（SDG13）、水下生物（SDG14）方面为“红色”，而大部分目标仍然是“橙色”。这表明中国在这些领域与 2030 年可持续发展目标还有较大距离。

在 2018 年《可持续发展目标指数和指示板全球报告》的指数部分，中国得分为 70.1 分，高于地区平均分（64.1 分），排名全球第 54，刷新历史最好成绩。在指示板部分，中国在良好健康与福祉（SDG3）、减少不平等（SDG10）、气候行动（SDG13）、水下生物（SDG14）方面的标注仍旧为“红色”，在无贫穷（SDG1）、体面工作和经济增长（SDG8）方面总体表现不错。结合 SDSN 2018 年《可持续发展目标指数和指示板全球报告》中新增的趋势板块来看（图 3-3），中国在无贫穷（SDG1），零饥饿（SDG2），体面工作和经济增长（SDG8），产业、创新和基础设施（SDG9）方面进步较快，但在可持续城市和社区（SDG11），气候行动（SDG13），水下生物（SDG14），陆地生物（SDG15），和平、正义与强大机构（SDG16）方面进步幅度较小，部分还有所倒退。

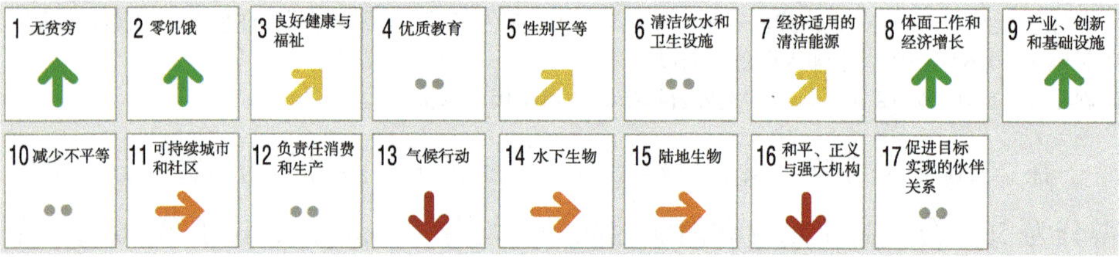

图 3-3　中国实现可持续发展目标趋势图（2018 年）

资料来源：2018 年《可持续发展目标指数和指示板全球报告》。

总体而言，中国在澜湄国家中处于可持续发展目标表现评分的第一梯队，实现 SDG 过程的表现明显好于其他五国。不过生态环境领域仍然是中国在落实 2030 年可持续发展议程中的突出短板，表现不如经济、社会领域亮眼。事实上，中国政府已经意识到改善生态环境质量的重要性，并且颁布了一系列加强环境保护的法律和政策，希望以此来促进生态环境的可持续发展。中国政府也特别重视提升全球伙伴关系，向世界分享中国的发展成果与经验，未来中国也可以通过澜湄机制与其他五国深度对接 2030 年可持续发展议程及其他议题，实现优势互补，促进合作共赢。

3.4 老挝落实 2030 年可持续发展议程进展评估

3.4.1 老挝可持续发展现状分析

老挝是中南半岛唯一的内陆国家，也是社会主义国家。在经济发展方面，自 1986 年老挝实施革新开放政策以来，该国经济取得了跨越式发展。2001 年老挝人民革命党第七次全国代表大会制定了“2010 年在全国范围消除贫困，2020 年摆脱不发达状态”的奋斗目标。2016 年 1 月，老挝人民革命党第十次全国代表大会通过了《社会经济发展“八五”规划》《至 2025 年国家发展规划》《至 2030 年国家发展远景规划》。目前老挝经济持续平稳增长，2003—2017 年老挝经济保持年平均 7%～8% 的增长速度，国内产业结构趋于合理，工业比重逐渐上升。2012 年加入世界贸易组织为老挝融入世界经济提供了更广阔的空间。老挝对外贸易发展状况良好，外国直接投资进一步扩大。外国投资主要集中在电力、通信、旅游服务业、农业和采矿等领域。但“入世”也加快暴露了老挝经济发展中的问题，即经济基础薄弱。“入世”后老挝的工业和农业产品受到来自国际市场产品的冲击，这是因为老挝的企业多为中小企业，属于传统的劳动密集型产业，市场竞争力弱，因此面临较大的挑战。此外，基础设施发展滞后、法规有待健全等因素也阻碍了老挝吸引外资流入。

在社会民生方面，贫困一直是老挝经济发展的一大阻碍，老挝政府历来重视脱贫问题，经过革新开放 30 多年的发展，老挝国内贫困人口数量明显下降，贫困地区居民的生活水平不断提高，并且实现了到 2015 年年底将贫困户比例降至 10% 以下的目标。此外，老挝在公路桥梁等基础设施建设上也取得长足进展。但老挝的社会发展也存在很多问题，例如国内不平等现象严重，贫富差距拉大；教育处于较低水平，2015 年成人识字率为 79.87%，而且男性识字率远大于女性；毒品和社会治安形势较为严峻，北部偷种的罂粟面积近年来有所上升，跨国贩毒犯罪案件明显增多。

虽然老挝近年来经济快速发展，但多由高成本的自然资源行业推动所致，因此老挝环境保护压力空前增大。特别是矿产、水电和农业等项目的发展带来了诸多问题，如土地退化、生物多样性丧失、森林覆盖率降低和文化遗产丧失等问题。近年来，老挝政府也先后制定和颁布（发布）了多项有关生态环境保护的政策法令与行动计划，积极参与国际合作，多渠道筹集生态环境保护资金，并组建了新的自然资源与环境部。由此可见，老挝政府正下大气力来实现经济发展与环境保护协调进行的可持续发展战略，避免走上“先发展经济、后治理环境”的老路。

老挝发展离不开国际援助和外资力量。老挝与欧盟国家保持着传统的友好关系，其中德国、瑞典、法国均为老挝的援助国，这些国家对老挝的援助集中在基础设施建设、文化、人力资源、农业、卫生等领域。1991—2012 年，日本对老挝的年均援助数额超过 1 亿美元，双方在投资领域的合作发展迅速。2016 年老挝人民革命党第十次全国代表大会重申继续坚持“少树敌、广交友”的外交政策，同越南保持特殊的团结友好关系，加强与中国的全面战略合作，加强与东盟国家的睦邻友好，积极争取国际经济和技术援助。老挝于 1997 年 7 月正式加入东盟，并在 2016 年担任东盟轮值主席国，成功举办了第 28 届和第 29 届东盟峰会等系列会议。

3.4.2 老挝落实 2030 年可持续发展目标的顶层设计

3.4.2.1 将可持续发展目标纳入国家发展规划

老挝人民民主共和国是最早将落实 2030 年可持续发展目标上升到全国层面的国家之一，并已将其纳入第八个国家社会经济发展计划（National Socio-economic Development Plan，NSEDP），160 个 NSEDP 指标中约有 60% 与可持续发展目标相关。而 NSEDP 还设置了老挝当前的优先发展事项，比如更好的基础设施、更加畅通的公路、互联网和电话连接以及确保农民从经济发展中获益等。第八个 NSEDP 在千年发展目标以及第七个 NSEDP 的基础上充分开展，尚未包含在其中的 SDG 或将纳入后续的 NSEDP。

2017 年 9 月 20 日，老挝颁布了任命该国总理为国家实施可持续发展目标指导委员会（National Steering Committee for SDG Implementation）主席的主席令。该委员会成员主要来自有关部委、公共机构和群众组织。老挝外交部、规划和投资部牵头组建该委员会秘书处，领导并掌握每项 SDG，确保政府内部对每项 SDG 的协调运作。

2018 年 7 月，老挝参加可持续发展高级别政治论坛，并提交了自愿国别评估报告，成为第三批参与自愿国别评估的国家之一。

3.4.2.2 提出 SDG18 拯救受未爆炸弹药生存威胁的人类

老挝人民民主共和国结合自身实际情况，将消灭未爆炸弹药（UXO）作为该国的第 18 项可持续发展目标。未爆炸弹药仍然是老挝发展进程中的一个严峻障碍，保守估计目前老挝有约 8 000 万枚集束弹药尚未爆炸。在印度支那战争期间，老挝人民民主共和国成为被轰炸最严重的国家，即便在战争结束 40 多年后，未爆炸弹药仍然影响着老挝 18 个省（直辖市）中的 15 个省。据报道，1964—2012 年老挝有超过 50 000 人因此受伤或死亡，这意味着平均每年有超过 1 000 人因未爆炸弹药而伤残或死亡，其中很大一部分是儿童。据统计，2017 年儿童占所有未爆炸弹药受害者的 37%。

2016 年 9 月，老挝总理通伦和时任联合国秘书长潘基文在万象正式启动了拯救受未爆炸弹药威胁的人类（Lives safe from UXO）行动，使其正式成为了该国第 18 项可持续发展目标（SDG18）。减少甚至消灭未爆炸弹药影响将会进一步促进国家发展，例如可降低基础设施的建设成本等，同时也能促进老挝的许多其他目标的实现。

3.4.2.3 积极参与其他国际协议

老挝还积极实施其他国际协议，以此促进国内可持续发展目标的实现。近年来，老挝加入或批准了 7 项核心人权公约，将这些人权公约义务写入国内法律规章并实施；老挝政府接受了联合国人权理事会普遍定期审议工作组提出的 196 项建议中的 116 项，并积极执行；老挝成为东盟第一个批准《巴黎协定》的国家，并通过国家法律确定其在气候变化问题中的“国家贡献决心”。虽然目前老挝对全球温室气体排放的贡献十分有限，但老挝政府决心大幅度增加森林覆盖面积，2020 年老挝的森林覆盖率达到 70%，农业的复原力增强，宝贵的陆地和淡水生态系统得到了保护和恢复；同时，老挝在执行《集束弹药公约》方面的领导作用已得到广泛认可。

3.4.3 老挝落实 2030 年可持续发展目标情况评估

表 3-6 归纳了老挝 2016—2018 年落实 2030 年可持续发展目标的进展情况。总体而言，老挝可持续发展表现相对滞后，与地区平均水平还有一段距离。2016—2018 年，老挝没有一项目标被标注为“绿色”，这意味着当前老挝没有一项目标能达标。而在零饥饿（SDG2），良好健康与福祉（SDG3），经济适用的清洁能源（SDG7），产业、创新和基础设施（SDG9），可持续城市和社区（SDG11）以及和平、正义与强大机构（SDG16）方面，老挝的表现连续 3 年被标注为“红色”，表明老挝在这些领域距离 2030 年可持续发展目标的实现还有相当大的差距。

表 3-6　老挝落实 2030 年可持续发展目标进展情况（2016—2018 年）

年份	2016	2017	2018
世界排名	107/149	107/157	108/156
得分 / 地区平均	49.9/54.6	61.4/63.3	60.6/64.1
目标完成情况			
SDG1	红	橙	黄
SDG2	红	红	红
SDG3	红	红	红
SDG4	红	橙	红
SDG5	红	橙	橙
SDG6	红	红	橙
SDG7	红	红	红
SDG8	红	红	橙
SDG9	红	红	红
SDG10	黄	橙	灰
SDG11	红	红	红
SDG12	红	橙	橙
SDG13	黄	黄	黄
SDG14	灰	灰	灰
SDG15	红	橙	橙
SDG16	红	红	红
SDG17	黄	橙	红

注：绿色表示“已经达标”，黄色表示“差距较小”，橙色表示“差距较大”，红色表示“差距很大”，灰色表示“暂无资料”。不过因为 2016 年报告尚未加入橙色，而以黄色统一表示“有不小差距”。

资料来源：2016—2018 年《可持续发展目标指数和指示板全球报告》。

在 2016 年《可持续发展目标指数和指示板全球报告》的指数部分，老挝得分为 49.9 分，不但低于东亚和南亚地区的平均分（54.6 分），且全球排名也比较靠后，位于第 107 名。在指示板部分，老挝缺少 SDG14[①] 的数据，但其

① 因为老挝是内陆国家，因此重新定义了 SDG14，重点关注水生资源，而不是水下生物。

他目标数据中没有一项被标注为“绿色”。在这些目标中，老挝只有减少不平等（SDG10）、气候行动（SDG13）以及促进目标实现的伙伴关系（SDG17）获得了“黄色”，其余目标数据均为“红色”。

在 2017 年《可持续发展目标指数和指示板全球报告》的指数部分，老挝得分为 61.4 分，低于东亚和南亚地区的平均分（63.3 分），排名与上年一样都是第 107 名。在指示板部分，老挝没有一项指标被标注为“绿色”，近半数目标指示为“红色”，其中经济适用的清洁能源（SDG7），产业、创新和基础设施（SDG9）得分均低于 50 分，意味着这两项指标尚未达成可持续发展目标。

在 2018 年《可持续发展目标指数和指示板全球报告》的指数部分，老挝得分为 60.6 分，低于 2017 年的 61.4 分，排名为全球第 108。在指示板部分，老挝仍然没有一项指标为总体“绿色”，8 项目标指示为总体“红色”，其中良好健康与福祉（SDG3），经济适用的清洁能源（SDG7），产业、创新和基础设施（SDG9），陆地生物（SDG15），促进目标实现的伙伴关系（SDG17）得分均低于 50 分，意味着这 5 项指标尚未达成可持续发展目标。同时，减少不平等（SDG10）在指示板显示为“灰色”，即缺乏相关数据。结合 SDSN 2018 年《可持续发展目标指数和指示板全球报告》中新增的趋势板块来看（图 3-4），老挝除了在无贫穷（SDG1）、清洁饮水和卫生设施（SDG6）方面有较快进步外，其他方面均处于滞后状态。

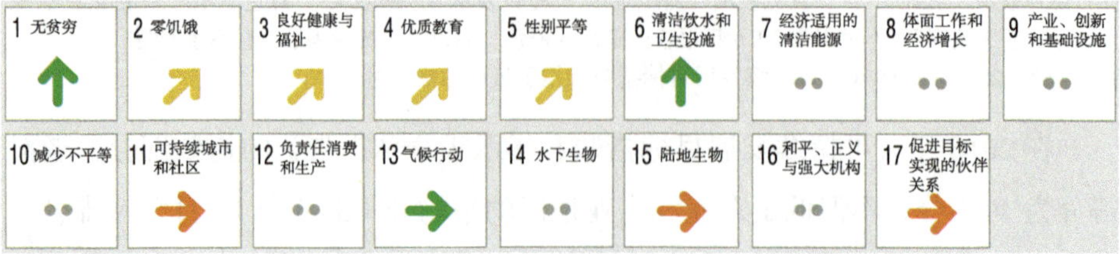

图 3-4　老挝实现可持续发展目标趋势图（2018 年）

资料来源：2018 年《可持续发展目标指数和指示板全球报告》。

可以看出，老挝的 2018 年可持续发展目标表现得分较 2017 年减少了 0.8 分，是中南半岛五国中退步最大的国家（泰国减少了 0.3 分；缅甸减少了 0.5 分），而且缺乏减少不平等（SDG10）方面的数据，体现出老挝政府部门在数据收集工作方面的能力不足。尽管老挝政府在制定国家发展规划时考虑到了可持续发展目标，并结合老挝国情提出了 SDG18，但在数据收集以及资金筹措等方面的能力不足，对老挝进一步推动可持续发展目标的实现而言还是一个亟待排除的障碍。

3.5 缅甸落实 2030 年可持续发展议程进展评估

3.5.1 缅甸可持续发展现状分析

缅甸自 1948 年独立至今，其经济社会尽管有一定的发展，但总体处于发展的困境之中。例如改革政策频频失误、持续内战消耗了国力、被西方国家制裁二十多年等，这些因素使缅甸经济从东南亚第一梯队沦为世界末流。2016 年，缅甸经济增长率为 5.7%，人均 GDP 为 1 297 美元，居于东盟国家后列；在产业结构方面，缅甸农业占比 27.5%，工业占比 30.9%，服务业则为 41.6%。近年来，缅甸外贸与引进外资力度有所增强，2016 年缅甸的商品进出口贸易总额达到 276 亿美元，FDI 流入量为 21.9 亿美元。不过，缅甸目前的基础设施建设还不能完全配合外资的需求，存在电力供应不足，铁路、公路及海港设施不佳、连接困难，土地价格上升以及金融体系落后等问题，仍需要一段时间来逐渐改善国内的投资环境。

由于受长期战乱与政局不稳影响，缅甸千年发展目标的完成情况并不理想，目前该国还有 1/4 的人口生活在贫困线以下，由于该国境内的族群冲突问题时有发生，使得部分少数族群长期处于贫困状态，在健康、卫生与收入等方面与主体族群——缅族有较大差距。在教育方面，缅甸政府比较重视发展教育和扫盲工作，全民识字率约为 94.75%。截至 2018 年，缅甸共有基础教育学校 40 876 所，师范学院 20 所，科学与技术大学 63 所，部属大学与学院 22 所。

缅甸自然条件优越，资源丰富。总体上，当前缅甸的环境退化程度是比较低的。但由于缅甸人口的快速增加以及经济发展的需要，环境污染和生态破坏的现象不断加剧，也存在森林破坏、水体污染等破坏环境以及因卫生设施和水处理设施缺乏导致疾病蔓延的问题。引起缅甸环境问题的主要原因在于缅甸的不发达状况和贫困，而不是工业的发展。不过，也需注意，随着人口增长和城市化、工业化程度的提高，缅甸生态环境的压力会越来越大。而且缅甸现阶段的经济增长主要是通过自然资源的开发和利用来实现的，如果未来不采取相应的环保配套措施，生态环境恶化速度有可能会加快。

在对外关系方面，缅甸奉行“不结盟、积极、独立”的外交政策，按照“和平共处五项原则”处理国与国之间关系。不依附任何大国和大国集团，在国际关系中保持中立，不允许外国在缅甸驻军，不侵犯别国，不干涉他国内政，不对国际和地区和平与安全构成威胁，缅甸是“和平共处五项原则”的共同倡导者之一。1988 年军队接管政权后，以美国为首的西方国家对缅甸实施经济制裁和贸易禁运，终止对缅甸的经济技术援助，禁止对缅甸进行投资，这一禁令直到 2012 年才开始逐步解除。1997 年缅甸加入东盟后，与东盟及周边国家关系有较大发展，2014 年缅甸担任东盟轮值主席国。昂山素季上台后，缅甸新政府与西方国家关系逐步缓和，与中国友好关系也继续稳步发展，积极支持中国发起的“一带一路”倡议。

3.5.2 缅甸落实 2030 年可持续发展目标的顶层设计

3.5.2.1 可持续发展目标“本土化”

2016 年，缅甸政府成立了国家可持续目标指导委员会，缅甸规划财政部中央统计局为该委员会的协调中心。该委员会负责监测与评估可持续发展目标的落实情况，并与所有政府部门合作，获取高质量的数据。该委员会还在国家层面以及每个省、邦、直辖市和地区都成立了数据精准度和统计质量委员会（Committees for Data Accuracy and the Quality of Statistics），以支持缅甸国内的数据收集工作。

经过 1 年多时间的监测与评估，2017 年 8 月，缅甸规划财政部中央统计局与联合国开发计划署（UNDP）发布了第一份《缅甸 SDG 指标基线报告》（*SDG Indicator Baseline Report for Myanmar*），这是缅甸首次尝试编制可持续发展目标的数据报告，该报告讨论并解释了现有数据，为缅甸在区域和全球层面上进行比较提供了具体依据。

这份报告指出，可靠和准确的数据对于监测和评估目前缅甸可持续发展目标的实施情况是不可或缺的。而在缅甸官方机构自行“裂解”的 320 项指标①中能直接或间接计算出的有用指标为 196 项，因此，只有 61% 的指标适用于缅甸。当中，气候行动（SDG13）和水下生物（SDG14）在缅甸的适用度最低，分别只有 30% 与 37.5%，而体面工作和经济增长（SDG8）适用度最高，达到 85%。

3.5.2.2 颁布《缅甸可持续发展规划（2018—2030）》及相关法案

2018 年 8 月，缅甸政府正式对外颁布《缅甸可持续发展规划（2018—2030）》[*Myanmar Sustainable Development Plan*（2018—2023），MSDP]，这一长期规划是参考 2030 年可持续发展议程与缅甸具体国情而制定的。缅甸政府在各个领域制定了相应的目标，它们与经济发展挂钩。

具体而言，MSDP 提出了“繁荣、和平与民主的缅甸”的愿景。该规划共下设 3 大支柱、5 个目标（如图 3-5 所示）、29 个战略以及 250 个行动计划。

① 联合国 2030 年可持续发展目标有 169 项指标。

其中，3 大支柱分别为和平与稳定、繁荣与伙伴关系、人民与地球，这与 2030 年可持续发展目标蕴含的“5P”理念不谋而合。而 5 个目标则为和平、民族和解、安全与善治（目标 1），经济稳定及加强宏观经济管理（目标 2），创造就业及私营经济主导的增长（目标 3），面向 21 世纪的人力资源与社会发展（目标 4）以及为子孙后代创造的自然资源环境（目标 5）。

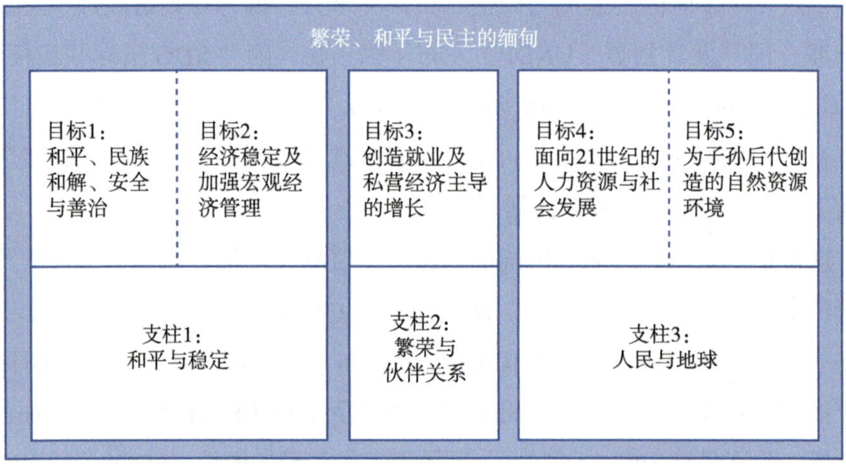

图 3-5 《缅甸可持续发展规划（2018—2030）》中的支柱与目标

MSDP 的出台有助于调动政府各部门协同工作，促进 2030 年可持续发展议程在当地取得实质进展。缅甸各政府部门在 MSDP 出台前后颁布了一些与可持续发展目标相关的政策。比如，在经济领域制定了缅甸投资促进计划（MIPP）、在社会领域出台了国家教育战略规划（NESP）、在环境领域出台了缅甸气候变化政策（MCCP）以及缅甸气候变化战略和总体规划（2018—2030）（MCCSMP）等。

3.5.3 缅甸落实 2030 年可持续发展目标情况评估

表 3-7 归纳了缅甸 2016—2018 年落实 2030 年可持续发展目标的进展情况。总体而言，缅甸可持续发展表现得分处于波动状态，而且明显低于东亚

和南亚地区表现的平均水平。除了 2017 年和 2018 年在促进目标实现的伙伴关系（SDG17）方面表现良好外，缅甸在落实其他 SDG 方面仍面临不小的挑战，尤其是在良好健康与福祉（SDG3），经济适用的清洁能源（SDG7），产业、创新和基础设施（SDG9），可持续城市和社区（SDG11），水下生物（SDG14）以及和平、正义与强大机构（SDG16）方面连续 3 年都被标注为“红色”，这表明缅甸与 2030 年可持续发展目标的实现尚有很大的差距。此外，在减少不平等（SDG10）方面，缅甸连续 3 年无法提供有效数据，说明该国的数据收集能力有待提高。

表 3-7　缅甸落实 2030 年可持续发展目标进展情况（2016—2018 年）

年份	2016	2017	2018
世界排名	117/149	110/157	113/156
得分 / 地区平均	44.5/54.6	59.5/63.3	59.0/64.1
目标完成情况			
SDG1			
SDG2			
SDG3			
SDG4			
SDG5			
SDG6			
SDG7			
SDG8			
SDG9			
SDG10			
SDG11			
SDG12			

年份	2016	2017	2018
SDG13			
SDG14			
SDG15			
SDG16			
SDG17			

注：绿色表示“已经达标”，黄色表示“差距较小”，橙色表示“差距较大”，红色表示“差距很大”，灰色表示“暂无资料”。不过因为 2016 年报告尚未加入橙色，而以黄色统一表示“有不小差距”。
资料来源：2016—2018 年《可持续发展目标指数和指示板全球报告》。

在 2016 年《可持续发展目标指数和指示板全球报告》的指标部分，缅甸得分为 44.5 分，排名全球第 117，同期仅比柬埔寨高 0.1 分，也处于较低的水平。在指示板部分，缅甸没有一项可持续发展目标为“绿色”，且缺少无贫穷（SDG1）与减少不平等（SDG10）的数据。除在清洁饮水和卫生设施（SDG6）、气候行动（SDG13）、陆地生物（SDG15）方面表现较好外，缅甸其他的可持续发展目标数据均不理想。

在 2017 年《可持续发展目标指数和指示板全球报告》的指数部分，缅甸得分为 59.5 分，低于东亚和南亚地区的平均分（63.3 分），排名全球第 110。在指示板部分，缅甸呈现为“红色”的目标相较上年有所减少，但在无贫穷（SDG1），良好健康与福祉（SDG3），经济适用的清洁能源（SDG7），体面工作和经济增长（SDG8），产业、创新和基础设施（SDG9），可持续城市和社区（SDG11），水下生物（SDG14）以及和平、正义与强大机构（SDG16）方面依旧被标注为“红色”。

在 2018 年《可持续发展目标指数和指示板全球报告》的指数部分，缅甸得分为 59.0 分，低于东亚和南亚地区的平均分（64.1 分），排名全球第 113，相较上年表现有所退步。在指示板部分，除促进目标实现的伙伴关系（SDG17）获得了“绿色”，其余单项为“橙色”或“红色”，减少不平等

（SDG10）为灰色。缅甸在无贫穷（SDG1）、性别平等（SDG5）、体面工作和经济增长（SDG8）、负责任消费和生产（SDG12）、气候行动（SDG13）、陆地生物（SDG15）方面获得“橙色”。在 17 项目标中有 9 项被标注为“红色”，这意味着绝大部分指标与实现 2030 年可持续发展目标有很大差距。结合 SDSN 2018 年《可持续发展目标指数和指示板全球报告》中新增的趋势板块来看（图 3-6），缅甸在无贫穷（SDG1）领域有较快进步，但在陆地生物（SDG15）方面出现倒退。

简单比较一下，2016 年缅甸的可持续发展目标表现评分比柬埔寨高 0.1 分，可以说两国在同一起跑线上；但到 2018 年柬埔寨得分已经高出缅甸 1.4 分，而 2018 年缅甸依然有 9 项目标被标注为“红色”，说明缅甸近年来的可持续发展处于相对停滞的状态。尽管缅甸 2016 年成立了国家可持续目标指导委员会，2018 年颁布了《缅甸可持续发展规划（2018—2030）》，但这些机制和规划能否转变成真正的执行力，仍然有待时间的检验。在实现可持续发展目标的进程上，缅甸任重道远。

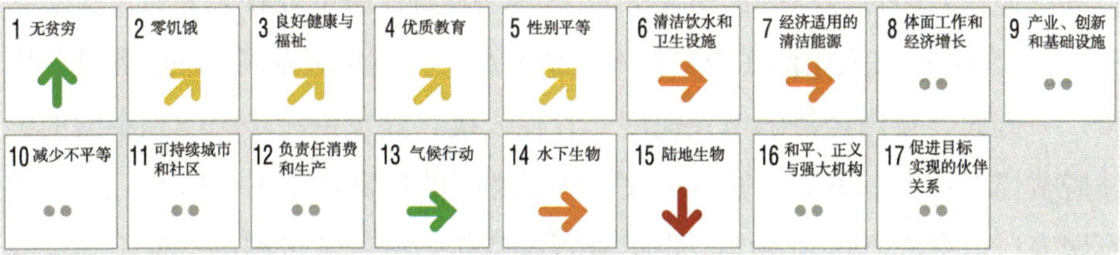

图 3-6　缅甸实现可持续发展目标趋势图（2018 年）

资料来源：2018 年《可持续发展目标指数和指示板全球报告》。

3.6　泰国落实 2030 年可持续发展议程进展评估

3.6.1　泰国可持续发展现状分析

泰国是仅次于印度尼西亚的东南亚第二大经济体，在 20 世纪 90 年代初经济一度快速发展，与印度尼西亚、马来西亚、菲律宾并称“亚洲四小虎”。近年来，由于受到金融危机与国内政局不稳定的影响，泰国经济增长率出现大幅波动。2016 年泰国人均 GDP 为 6 034 美元，在中南半岛五国中居于首位。在产业结构方面，工业和服务业是该国的两个主要行业。泰国实行自由经济政策，属于外向型经济，非常依赖中、美、日、东盟等地市场。近年来泰国外贸持续增长，出口创历史新高。从贸易商品结构看，泰国出口的主要商品是机电产品、运输设备与塑料橡胶，进口的主要商品是机电产品、矿产和贱金属及制品。目前，外国在泰国的投资主要集中在汽车及其零部件、电子电器、石油化工产品、农业等领域。总之泰国经济比较依赖外贸行业，受世界经济波动影响较大。

20 世纪 80 年代经济腾飞以来，泰国已经消除了绝对贫困，国家贫困线以下人口比例从 1988 年的 65.17% 下降到 2014 年的 10.53%。2017 年泰国人口总数在 7 000 万左右，生活在贫困线以下人口总数约为 700 万人，与 2012 年前后的 1 000 万贫困人口基数相比，泰国已经成功帮助约 300 万人实现脱贫。但泰国通往富裕国家行列的道路并不平坦，因为泰国中等收入人口比重非常小，有近 3 000 万人生活在脱贫但不富裕的水平。近年来泰国还面临着减贫困境。一方面，泰国经济的增长速度一直在放缓，这也进一步影响到泰国的整体脱贫情况；另一方面，城市和农村地区之间的贫富差距正在加大。2015 年泰国人口识字率已达到 94%，但教育资源依然短缺，地区间的分配不均现象越发严重。此外，基础设施和医疗体系落后也是泰国在社会建设中亟待解决的重要问题。

泰国政府于 1992 年颁布了环境保护的基本法——《国家环境质量促进和保护法》。根据该法，泰国政府建立了发挥行政作用的国家环境委员会，致力于改善环境。该委员会由总理担任主席，并由总理任命国家副总理担任第一副主席，成员包括多位部委首长。泰国还先后制定了环境影响评价制度、污染控制制度、环境法律责任制度、环保基金制度和环境教育制度等，形成了一套相对健全的环境制度体系。由于工业化和城市化进程，泰国的大气、水环境受到严重影响，空气质量差以及重金属污染已成为泰国城市环境面临的主要问题。旅游业和渔业的过度开发使得泰国面临着近海海洋生物多样性和栖息地的丧失、珊瑚礁和红树林减少等海洋环境问题。

泰国一直活跃在国际及地区性组织中。泰国是东盟的成员国和创始国之一，同时也是亚太经济合作组织、亚欧会议和世界贸易组织的成员国。泰国奉行独立自主的外交政策。重视周边外交，积极发展睦邻友好关系。泰国还重视区域合作，2012—2015 年担任中国—东盟关系协调国，积极推进东盟一体化和中国—东盟自贸区建设，支持东盟与中、日、韩合作。重视经济外交，推动贸易自由化，积极参与大湄公河次区域经济合作。发起并推动亚洲合作对话机制，2016 年主办亚洲合作对话第二次领导人会议。2018 年 6 月主办“伊洛瓦底江—湄南河—湄公河三河流域经济合作战略”第八届峰会。泰国还积极发展与穆斯林国家关系。在国际维和、气候变化、粮食安全、能源安全及禁毒合作等地区和国际事务中发挥了积极的作用。

3.6.2 泰国落实 2030 年可持续发展目标的顶层设计

3.6.2.1 泰国的可持续发展理念

泰国在落实 2030 年可持续发展议程的过程中，以带有本土色彩的“适足经济哲学”（Sufficiency Economy Philosophy，SEP）理念为指导，推动各项可持续发展目标在泰国的落地和实施（如图 3-7 所示）。

图 3-7 “适足经济哲学”示意图

资料来源：Open Development Thailand 数据库。

“适足经济哲学”理念是 1997 年金融危机后泰国已故国王普密蓬针对泰国当时的经济和社会状况提出并倡导的经济理论，是可应用于个人、家庭、社区、国家等各个层次的处世哲学和理念。它包含 3 项基本原则，即适度、合理和审慎，这些原则与 2030 年可持续发展议程的理念相契合。具体而言，适度原则是指一切行为都应适可而止，在泰国适度是实现可持续发展目标的重要原则，如负责任消费和生产（SDG12）、经济适用的清洁能源（SDG7）、水下生物（SDG14）以及陆地生物（SDG15）；合理原则是指认真考虑人们的行为和决定可能对行动者周围的环境产生的影响，对实现气候行动（SDG13），减少不平等（SDG10），和平、正义与强大机构（SDG16）和经济适用的清洁能源（SDG7）等方面的可持续发展目标具有十分重要的意义；审慎原则是指评估潜在风险，有条不紊地工作，并达到一定程度的能力和能够自力更生，该原则可适用于大部分的可持续发展目标，特别是在良好健康与福祉（SDG3）、零饥饿（SDG2）、清洁饮水和卫生设施（SDG6）以及经济适用的清洁能源（SDG7）方面。“适足经济哲学”理念重要的基础是知识和道德，该理念致力于在经济、环境、社会与文化等领域实现平衡和包容，最终目标是消除贫困、减少不平等。“适足经济哲学”强调最大化所有利益相关者的利益，而且更加关注长期盈利能力。

这是一套受佛教信仰影响的中间政策理念，是以衡量国家经济进展、减少贫困和社会不平等问题为目标，鼓励国民知足常乐的理念，泰国以此理念带领民众，让国家走向可持续发展。目前，“适足经济哲学”理念已嵌入泰国的二十年国家战略框架（2017—2036 年）以及第十二个国家经济和社会发展计划（2017—2021 年）中。所有政府机构的计划和预算都与“适足经济哲学”理念和可持续发展目标保持一致。

泰国认为，“适足经济哲学”符合 2030 年可持续发展议程的核心原则，是实现可持续发展目标的方法之一。因此，泰国还积极将“适足经济哲学”理念作为一种发展模式分享给国际社会，特别是在 2016 年，泰国担任 77 国集团主席国期间，泰国向很多发展中国家介绍了这一本土化的可持续发展理念。此外，泰国还帮助柬埔寨、印度尼西亚、老挝、莱索托、缅甸、东帝汶和汤加等国家建立了以“适足经济哲学”理念为基础的可持续发展项目。

3.6.2.2 成立国家可持续发展委员会等机构

泰国政府成立了由总理领导的国家可持续发展委员会（National Committee for Sustainable Development）。它主要由来自公共部门、学术界和民间社会组织的 37 名成员组成，由泰国国家经济和社会发展委员会秘书长担任该委员会秘书长，主要任务是制定国家可持续发展战略和政策，并对具体实施过程进行监督。泰国国家可持续发展委员会下设三个委员会，分别负责为实现可持续发展目标调控资源、提高对可持续发展和“适足经济哲学”理念应用的认识、编制统计数据以支持实施和监测 2030 年可持续发展目标。泰国国家可持续发展委员会也特别强调基于发展伙伴关系原则的公共部门与民间社会组织之间的合作。

目前，泰国国家可持续发展委员会已采取一系列措施推进可持续发展目标的实现，包括为每项 SDG 建立协调机构，制定 17 项 SDG 的路线图，确定其中的优先事项，整合可持续发展目标示范项目，检视泰国实际基线与全球 SDG 的差距。在泰国国家可持续发展委员会的协调下，泰国政府于 2017 年参加联合国可持续发展高级别政治论坛期间，提交了自愿国别评估报告，成为第二批参与自愿国别评估的国家之一。

2017—2018 年，泰国还成立了 3 个与可持续发展目标相关的委员会：一是执行政府政策委员会，特别是在促进国家改革议程和地方一级可持续发展目标的实施上发挥作用，该委员会由国务部长戈萨·普达军（Kobsak Pootrakool）担任主席；二是由国务部长素瓦攀·丹育瓦塔纳（Suwaphan Tanyuvardhana）担任主席的当地社区能力建设委员会；三是于 2018 年 2 月成立并由内政部长担任主席的泰式（Thai Niyom）可持续项目委员会，主要负责基层经济发展。泰国政府希望借由上述机构，拓展民间社会组织与政府部门合作的渠道，并推动可持续发展目标在泰国的实现。

3.6.2.3 将可持续发展理念纳入国家发展规划

泰国还将“适足经济哲学”这一可持续发展理念贯彻在国家一系列发展规划的制定当中，如二十年国家战略框架（2017—2036 年）、第十二个国家经济和社会发展计划（2017—2021 年）、泰国 4.0 战略等，以促进这一理念落地生根。

（1）二十年国家战略框架（2017—2036 年）

二十年国家战略框架（2017—2036 年）对于为泰国提供明确的可持续发

展长期方向至关重要。这一框架也被称为 6-6-4 规划，它包括 6 个领域、6 项主要战略和 4 项支撑战略。

- 6 个领域：安全、竞争力提升、人力资源开发、社会平等、绿色增长、平衡公共部门发展。
- 6 项主要战略：增强和开发人力资本的潜力、确保公正并减少社会差距、在可持续的基础上壮大经济和提高竞争力、为可持续发展而保持绿色增长、为实现繁荣和可持续的国家发展而保持稳定、提高公共部门管理的效率与促进善治。
- 4 项支撑战略：基础设施发展和后勤系统，科学技术、研究和创新，城市、区域和经济区发展，国际发展合作。

（2）第十二个国家经济和社会发展计划（2017—2021 年）

第十二个国家经济和社会发展计划（2017—2021 年）是泰国出台的中长期规划，这一规划于 2016 年 10 月—2021 年 9 月实施。这一规划强调通过使用知识、技能、科学技术、创新手段实现社会经济发展，并强调环境可持续性的平衡。泰国总理巴育强调，这一计划将继续贯彻“适足经济哲学”理念中的适度、合理和审慎三个原则。

（3）泰国 4.0[①] 战略

泰国 4.0 战略是泰国在 2016 年极力推行的新经济发展模式。泰国 4.0 战略力求在新兴技术的基础上建立以价值为基础的经济发展模式，同时确保这些实践都能够环境友好。泰国 4.0 战略有 3 个要素，即成为高收入国家、走向包容的社会以及聚焦可持续发展。这些要素充分体现了“适足经济哲学”的理念。泰国 4.0 战略的最终目标是摆脱泰国 3.0 阶段的“中等收入陷阱”，使

① 泰国 4.0 是相对于泰国的前三阶段而言。泰国 1.0 对应的是效率低下的农业时代，泰国 2.0 对应的是专注于廉价劳动力的轻工业时代，泰国 3.0 对应的是吸引外资的重工业时代。而最新的泰国 4.0 对应的则是创新驱动和高附加值经济的时代。

泰国进入高收入国家之列。

这一战略主张在经济活动中发挥创新性、创造性：将农业从传统的种植模式转型为智能化的种植模式，将传统的中小企业转型为智能化的中小企业，将传统的服务业变成具有高附加值的服务业。投资因素从中起到重要作用，国家的投资政策将基于“核心技术、数字人才、基础设施建设、企业创新、创新转型中的行业发展”这五大发展方向进行改革驱动。

在这一发展模式下，泰国进行的改革将更倚重创新和技术推动，更关注社会、教育、环保和人民的幸福指数。为此，泰国未来将发展十大目标产业，其中 5 个为更新技术的泰国已有优势产业（即第一 S 曲线），包括现代汽车制造业、智能电子产业、高端旅游及保健旅游业、农业和生物技术、食品加工业；另外 5 个为提供投资新机会的未来产业（即新 S 曲线），包括机器人制造业、航空业、生物燃料和生物化学、数字经济、全方位医疗产业。

3.6.3 泰国落实 2030 年可持续发展目标情况评估

表 3-8 归纳了泰国 2016—2018 年落实 2030 年可持续发展目标进展情况。总体而言，泰国落实 2030 年可持续发展目标进展相对停滞，但高于东亚和南亚地区表现的平均水平。2016—2018 年，泰国在无贫穷（SDG1）方面始终被标注为“绿色”，但在零饥饿（SDG2），良好健康与福祉（SDG3），产业、创新和基础设施（SDG9），气候行动（SDG13）以及和平、正义与强大机构（SDG16）方面被标注为“红色”。相较中南半岛其他国家，泰国在实现 SDG 的道路上所面临的挑战要小一些。

表 3-8　泰国落实 2030 年可持续发展目标进展情况（2016—2018 年）

年份	2016	2017	2018
世界排名	61/149	55/157	59/156
得分 / 地区平均	62.2/54.6	69.5/63.3	69.2/64.1
目标完成情况			
SDG1	绿色	绿色	绿色
SDG2	红色	红色	红色
SDG3	红色	红色	红色
SDG4	黄色	橙色	橙色
SDG5	红色	橙色	橙色
SDG6	黄色	黄色	绿色
SDG7	黄色	橙色	橙色
SDG8	黄色	黄色	橙色
SDG9	红色	红色	红色
SDG10	黄色	黄色	红色
SDG11	红色	橙色	橙色
SDG12	红色	橙色	橙色
SDG13	红色	红色	红色
SDG14	黄色	橙色	红色
SDG15	红色	红色	橙色
SDG16	红色	红色	红色
SDG17	黄色	橙色	橙色

注：绿色表示“已经达标”，黄色表示“差距较小”，橙色表示“差距较大”，红色表示“差距很大”。不过因为 2016 年报告尚未加入橙色，而以黄色统一表示“有不小差距”。

资料来源：2016—2018 年《可持续发展目标指数和指示板全球报告》。

在 2016 年《可持续发展目标指数和指示板全球报告》的指数部分，泰国得分为 62.2 分，全球排名第 61，高于东亚和南亚地区的平均分（54.6 分）。泰国已在无贫穷（SDG1）、清洁饮水和卫生设施（SDG6）两方面取得了较高的分数，尤其是 SDG1 的指示板显示为“绿色”，可见泰国在减少贫困方面所做出了努力。然而，在零饥饿（SDG2），良好健康与福祉（SDG3），性别平等（SDG5），产业、创新和基础设施（SDG9），可持续城市和社区（SDG11），负责任消费和生产（SDG12），气候行动（SDG13），陆地生物（SDG15），和平、正义与强大机构（SDG16）等方面均为“红色”，这表明泰国在上述领域中仍有较大挑战。

在 2017 年《可持续发展目标指数和指示板全球报告》的指数部分，泰国得分为 69.5 分，排全球第 55 名，处于全球前 1/2 的水平，高于东亚和南亚地区国家的平均分（63.3 分）。泰国在无贫穷（SDG1）方面显示为“绿色”，可见其投入了大量精力。但在零饥饿（SDG2），良好健康与福祉（SDG3），产业、创新和基础设施（SDG9），气候行动（SDG13），陆地生物（SDG15），和平、正义与强大机构（SDG16）方面均显示为“红色”，意味着该国在实现这些指标方面仍有非常大的提升空间。

在 2018 年《可持续发展目标指数和指示板全球报告》的指数部分，泰国得分为 69.2 分，排全球第 59 名，相较上年排名有所倒退。泰国在无贫穷（SDG1）、清洁饮水和卫生设施（SDG6）方面被标注为“绿色”。但在零饥饿（SDG2），良好健康与福祉（SDG3），产业、创新和基础设施（SDG9），减少不平等（SDG10），气候行动（SDG13），水下生物（SDG14），和平、正义与强大机构（SDG16）方面显示为“红色”。结合 SDSN 2018 年《可持续发展目标指数和指示板全球报告》中新增的趋势板块来看（图 3-8），泰国在无贫穷（SDG1）领域保持平稳优秀表现，在清洁饮水和卫生设施（SDG6）以及体面工作和经济增长（SDG8）方面有较快进步，但在气候行动（SDG13）方面则出现倒退迹象。

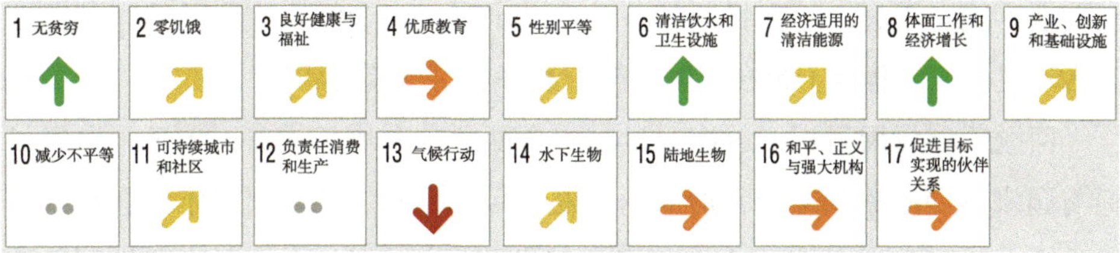

图 3-8 泰国实现可持续发展目标趋势图（2018 年）

资料来源：2018 年《可持续发展目标指数和指示板全球报告》。

长期以来，泰国在中南半岛五国中发展基础最佳，发展战略规划清晰，机构健全、运转高效，并且确立了符合本国国情的可持续发展理念。尽管在 2018 年泰国的可持续发展目标表现评分被越南赶超，但是两国评分差距很小，此外，泰国针对“红色”目标已推出了相应的国家战略加以改善。由此可见，泰国实现可持续发展目标的前景依然非常乐观。

3.7 越南落实 2030 年可持续发展议程进展评估

3.7.1 越南可持续发展现状分析

越南是社会主义国家，执政党是越南共产党。1986 年越南启动革新开放，1996 年越共八大提出要大力推进国家工业化、现代化，2001 年越共九大确定建立社会主义定向的市场经济体制，并确定了三大经济战略重点，即以工业化和现代化为中心，发展多种经济成分、发挥国有经济主导地位优势，建立市场经济的配套管理体制。2004 年以来，越南始终维持 5% 以上的强劲经济增长率，人均 GDP 也在不断攀升。近 10 年来，越南产业结构日趋合理，农业产值在 GDP 中的占比不断下滑，工业产值不断上升，在 GDP 中的占比已到四成，而服务业则趋于稳定。与其他东南亚国家一样，越南重点发展出口导向型经济，其进出口总额也是常年超过其 GDP 总量。近年来，凭借低廉的人工成本，越南正吸引着全球制造业的转移，特别是承接了大量来自中国的制造业产能。不过，越南目前的基础建设水平与产业链供应体系的完备度还非常不足，一定程度上也在制约着越南经济的可持续发展。

回顾千年发展目标，越南通过实施全面减贫和增长战略，将千年发展目标与国家发展战略相结合，形成越南发展目标，制定了两项五年社会经济发展计划。2015 年，越南完全实现了千年发展目标中的减贫、教育和性别平等三项以及与婴儿和孕产妇死亡率有关的其他具体目标。尤其是在减贫方面，据统计，2016 年越南的贫困率为 9.8%，特别是少数民族地区贫困率已下降至 13%。与此同时，越南返贫人数也大幅减少，2014—2016 年仅为 2%。越南 70% 的人口在经济方面得到了保障，按照世界标准划分，中产阶级占比为 13%，但各地区和民族之间的贫困率差距仍然较大[①]。在教育方面，越南教育事业在规模、数量上不断提升，虽然已成功实现小学教育的普及，但教育资源分配严重失衡，少数民族地区教育普遍落后。

越南根据宪法制定了环境行动计划，并于 1993 年制定了《环境保护法》，在 2005 年进行了修订。此外，越南政府颁布的《森林保护和发展法》《土地法》《植物保护与检疫法》《矿产法》《渔业法》《水资源法》等法律均对破坏环境和自然资源等行为应负的法律责任做出了相应规定。目前，越南生态环境也面临严峻挑战，越南各城市大气污染情况严峻，水源污染情况也越发复杂。环境污染对居民生活和身体健康造成不良影响。越南的海洋与森林生态系统的生物多样性无论在数量还是质量上都已呈现严重衰减态势。

越共十二大重申越南继续奉行独立、自主、和平、合作与发展、全方位、多样化外交路线，实行开放、全方位、多样化的对外政策，积极主动地融入国际社会。越南积极开展对外交往，中越两国关系稳定健康发展，同美国关

① World Bank Group. Climbing the ladder：poverty reduction and shared prosperity in Vietnam［R/OL］(2018-01)［2018-11-01］. http://documents.worldbank.org/curated/en/206981522843253122/pdf/124916-WP-PULIC-P161323-VietnamPovertyUpdateReportENG.pdf.

系发展迅速，同欧盟合作扩大，同日本、俄罗斯等国关系良好，同东盟成员国的合作加强，多边外交活跃，伙伴关系全面提升。

3.7.2 越南落实 2030 年可持续发展目标的顶层设计

3.7.2.1 成立相应的可持续发展机构

为落实 2030 年可持续发展议程，越南形成了一些初步的制度。越南行政机构（图 3-9），尤其是计划与投资部牵头负责 SDG 在越南的实施事务。作为最高权力机构的越南国会负责监督越南行政机构实施 SDG 情况。而相关部委、地方政府、工商界、社会政治组织、联合国以及非政府组织（NGO）等形成可持续发展目标跨部门工作小组，共同促进 SDG 的落实。值得一提的是，越南还成立了两个专门组织（国家可持续发展与竞争力提升委员会和越南可持续发展商业理事会）来负责落实可持续发展的具体协调事务。

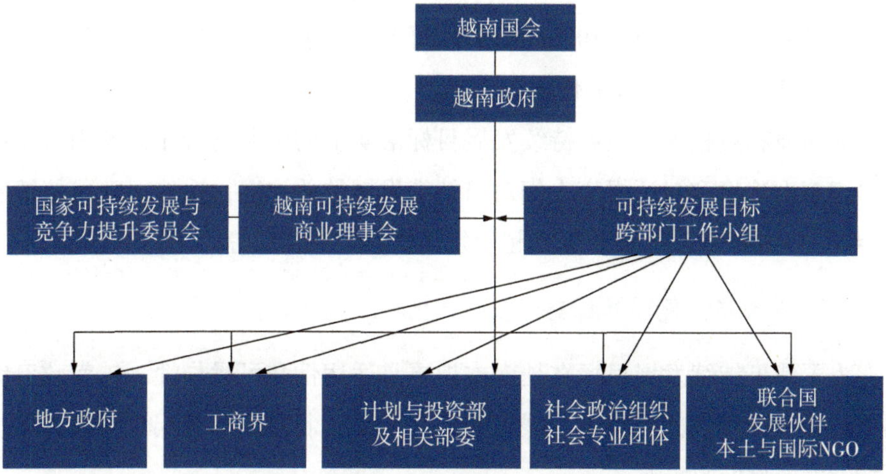

图 3-9 越南执行可持续发展目标的机构

资料来源：Viet Nam's Voluntary National Review on the Implementation of the Sustainable Development Goals.

为实现可持续发展目标，越南政府于 2005 年 9 月成立国家可持续发展委员会，2012 年 5 月又在国家可持续发展委员会的基础上新组建成立国家可持续发展与竞争力提升委员会（National Council for Sustainable Development and Competitiveness Improvement，NCSDCI）。该委员会主席由越南副总理担任，其任务是向总理提供建议，指导在全国范围内实施越南《二十一世纪议程》，并监督和评估该国可持续发展目标的实施。NCSDCI 下设六个专业委员会，即可持续发展委员会、社会事务委员会、环境委员会、科学技术委员会、教育和人类发展委员会以及公私伙伴关系委员会，各专业委员会主席由主管部委负责人担任。此外，NCSDCI 在部委和地方一级均设立了可持续发展办公室。

越南可持续发展商业理事会（Vietnam Business Council for Sustainable Development，VBCSD）则是另外一个专门组织。VBCSD 于 2010 年 9 月 8 日经政府批准成立，并于 2010 年 12 月 17 日正式启动。VBCSD 作为商业导向组织，旨在促进工商界积极参与越南的可持续发展战略。VBCSD 的建立加强了越南政府、工商界和民间组织在可持续发展领域的对话和协调，并促进了越南可持续发展经验的传播与分享。

为加强利益相关方在可持续发展目标落实上的协调与合作，越南每年都会组织多次论坛和对话提高人们对可持续发展的关注度，比如国家可持续发展会议、可持续发展商业论坛和越南发展伙伴关系论坛等。

3.7.2.2 编制本土化目标及配套政策

为了使可持续发展目标在越南本地更具适用性和可操作性，越南政府编制了适应越南国情的可持续发展目标，并且陆续制定了一些配套政策，促进可持续发展目标的实施。

（1）本土化目标

根据自身的社会经济背景，越南制定了适应本国国情的可持续发展目标

（Vietnam SDG targets，VSDGs），VSDGs 是在 2016 年得到越南总理批准的，包括 17 项总目标，115 项子目标，子目标的内容与 169 项 SDG 具体目标有相似但也有不同之处。以无贫穷（SDG1）为例，这个目标明确要求消除一切形式的贫困，但越南只制定了针对贫困家庭的减贫目标，并没有为不同性别、弱势群体、儿童和偏远地方居民制定具体的减贫目标。

越南将 VSDGs 纳入了国家和地方一级的所有社会经济和部门发展政策计划，而且还积极为 VSDGs 的实施动员资源，例如，争取所有利益相关者（包括社区）的支持并鼓励参与；开发 VSDGs 监测系统，促进有效的执法系统实施，保证落实可持续发展目标。同时提高社会所有利益相关方（如管理机构、企业、社区等）对 VSDGs 的认识和了解。

（2）国家行动计划

为配合 VSDGs 在越南本土的顺利实施，在联合国开发计划署的支持下，越南政府还制定了一项针对可持续发展目标的国家行动计划（National Action Plan for the Implementation of the 2030 Sustainable Development Agenda，NAP），以审查其与可持续发展目标保持一致的现有发展战略、政策和计划。NAP 被用于部委、省级机构、民间社会团体等发展伙伴协商深化落实 VSDGs。

NAP 确定了 2017—2020 年以及 2020—2030 年的具体工作任务，其中 2017—2020 年的工作任务包括以下六项：完善可持续发展机构体系；到 2018 年，各部委、地方政府以及机构组织完成实施 SDG 行动计划编制工作；开展交流、宣传和教育活动，加强各组织实施、监督、监测和评估可持续发展目标方面的能力；为确保可持续发展目标实施制定和发布截至 2030 年的具体指标和路线图；各组织在制定年度社会经济规划中嵌入可持续发展目标；注重开发人力资源，特别是任用高质量的人才。

NAP 的实施资金将通过国家预算、私营部门以及外国资金获得，包括官方发展援助和外国直接投资（FDI）。越南还建立了可持续发展基金，以动员国内和国外资源，推动实现可持续发展目标。

（3）"一个战略计划"（2017—2021 年）

2017 年，越南政府和联合国共同编制了"一个战略计划（2017—2021 年）"（One Strategic Plan，OSP）。OSP（2017—2021 年）建立在包容、公平和可持续性三项原则的基础上，结合了越南社会经济发展战略（2011—2020 年），越南社会经济发展计划（2016—2020 年），联合国 2030 年可持续发展目标以及越南的国际人权承诺，旨在于之后 5 年向联合国提供其在重点支持的项目和业务领域内的发展框架。OSP 中也阐述了联合国支持越南发展的相关优先事项。

OSP 预算总额为 4.23 亿美元，将优先考虑四个重点领域：投资民生、确保环境可持续性、培育繁荣与伙伴关系以及提升公正、和平与包容性治理（图 3-10）。这与可持续发展目标的中心主题相互呼应。该计划中的每个重点领域都与相应的 SDG 挂钩，并具体制定了五年愿景。

（4）自愿国别评估报告

2018 年 7 月，越南参加可持续发展高级别政治论坛，并提交了自愿国别评估报告，成为第三批参与自愿国别评估的国家之一。报告中具体阐述了越南 2015—2017 年为落实可持续发展目标而采取的系列举措，并认为截至 2017 年越南已取得下列成果：

- 国家多维贫困率从 2015 年的 9.9% 下降到 2017 年的不到 7%；
- 5 岁以下儿童死亡率从 2015 年的 22.1‰降至 2017 年的 21.6‰，2017 年健康保险覆盖率达到 86.4%；
- 2016—2017 学年的小学净入学率为 99.0%，小学普及率为 99.7%；
- 逐步将性别平等作为政治、经济、文化和社会领域的跨领域问题，取得显著成果；
- 2016 年获得安全用水的家庭比例达到 93.4%；
- 2016 年超过 99% 的越南家庭获得电力；
- 2016 年互联网使用率达到 54.2%，使用人数共计 5 000 万人；

图 3-10 “一个战略计划”（2017—2021 年）的四大关注领域

资料来源：Government of the Socialist Republic of Viet Nam and United Nations in Viet Nam，One Strategic Plan（2017-2021）.

- 2015 年、2016 年和 2017 年的国内生产总值增长率分别为 6.7%、6.2% 和 6.8%；
- 2017 年环境和自然资源保护的情况有所改善，森林覆盖率增至 41.5%；
- 减少不平等现象，提升获取公正和信息的机会；
- 越南更深入和更全面地融入国际社会，国际地位日益提高；
- 鼓励青年了解他们在作为实现可持续发展目标重要伙伴中的潜力。

此外，越南已建立了若干法律和政策框架，包括越南社会经济发展计划（2016—2020 年）、国家行动计划。

3.7.2.3　重视提升伙伴关系

越南方面估算实施可持续发展目标需要数万亿美元，但越南目前在资金上面临着 FDI 流入关键部门吸引力逐步降低与越南公共债务增加的挑战。因此，越南非常重视提升伙伴关系，包括全球伙伴关系与公私伙伴关系，希望以此来解决越南在实施可持续发展目标时可能遇到的资金问题。

（1）全球伙伴关系

自 2010 年越南成为中低收入国家以来，越南接受的官方发展援助（Official Development Aid，ODA）急剧减少，特别是赠款援助部分（占 ODA 的 1%）自 2012 年开始急剧减少。相比之下，越南其他官方财政资金（Other Official Finance，OOF）占国内生产总值的比例近年来有所上升并已超过其他东盟国家。国际援助重点已经转向气候变化和绿色增长等全球性问题，越南也从国际上有关应对气候变化的基金处获得大量资金，2010—2014 年资金约为 52 亿美元，占区域内最大份额，其中以优惠贷款居多，小部分是赠款援助。

（2）公私伙伴关系

为了调动更多的资金来落实可持续发展目标，越南政府非常重视推进国内公私伙伴关系（PPP）。在机构设置方面，越南设立了由副总理领导的 PPP

指导委员会，对国家 PPP 项目进行监督。2018 年，越南政府决定在 NCSDCI 新增公私伙伴关系专业委员会。该专业委员会主席由越南工商会主席出任，越南中小企业协会领导代表担任副主席。

在政策法规方面，越南 2015 年颁布的法律 15/2015/ND-CP 法令（第 15 号法令）统一了 108/2009/ND-CP 法令（第 108 号法令）（涉及 BOT 制度）和 71/2010/QDTTg 决定（第 71 号决定）（涉及试点 PPP 方案），加大了对 PPP 项目的整合力度。规定外资作为公私合营模式的重要一环，可在交通、发电、供水、医疗、经贸等诸多基础设施领域与越南政府合作，并享有土地、税务等方面的诸多优惠。2017 年越南政府为了促进 PPP 模式落地与项目完善，要求计划与投资部尽快研究并制定取代关于 PPP 投融资模式的 15/2015/ND-CP 法令的新法律并上报国会颁行[①]。2018 年 6 月，越南 63/2018/ND-CP 法令（第 63 号法令）生效，该法令在 15/2015/ND-CP 法令基础上修改，旨在扩大越南政府参与 PPP 项目融资范围，简化行政审批手续，明确投资商在项目中自有资金比例，这部法令将为 PPP 模式在越南的顺利推广打下坚实的法律基础。

此外，越南政府还经常通过多种机制与工商界直接沟通，拓展公私合作。2018 年 7 月，VBCSD 联合越南工商会以及世界银行在河内举办了主题为“提升竞争力，实现工业革命 4.0 中的可持续发展目标”的国家可持续发展会议。越南国家主席出席了会议，表示越南政府希望通过与企业紧密合作，在第四次工业革命的背景下实现 2030 年可持续发展目标。

3.7.3 越南落实 2030 年可持续发展目标情况评估

表 3-9 归纳了越南 2016—2018 年落实 2030 年可持续发展目标进展情况。总体而言，越南在落实可持续发展目标方面进步飞快，国际排名也屡屡提升，并且逐渐拉开与东亚和南亚地区的平均水平的距离。越南在无贫穷（SDG1）

① 越南社会主义共和国中央政府 . 完善 PPP（公私合作）投融资模式政策［EB/OL］.（2017-11-23）［2018-12-01］. http://cn.news.chinhphu.vn/Utilities/PrintView.aspx?ID=23741.

方面表现良好，但在零饥饿（SDG2），良好健康与福祉（SDG3），产业、创新和基础设施（SDG9），陆地生物（SDG15）等方面还存在不少问题。

表 3-9　越南落实 2030 年可持续发展目标进展情况（2016—2018 年）

年份	2016	2017	2018
世界排名	88/149	68/157	57/156
得分 / 地区平均	57.6/54.6	67.9/63.3	69.7/64.1
目标完成情况			
SDG1			
SDG2			
SDG3			
SDG4			
SDG5			
SDG6			
SDG7			
SDG8			
SDG9			
SDG10			
SDG11			
SDG12			
SDG13			
SDG14			
SDG15			
SDG16			
SDG17			

注：绿色表示“已经达标”，黄色表示“差距较小”，橙色表示“差距较大”，红色表示“差距很大”。不过因为 2016 年报告尚未加入橙色，而以黄色统一表示“有不小差距”。

资料来源：2016—2018 年《可持续发展目标指数和指示板全球报告》。

在 2016 年《可持续发展目标指数和指示板全球报告》的指数部分，越南得分为 57.6 分，略高于东亚和南亚地区的平均分（54.6 分），排名全球第 88。指示板显示，越南在无贫穷（SDG1）以及清洁饮水和卫生设施（SDG6）方面得分较高；而其他目标，尤其是产业、创新和基础设施（SDG9），负责任消费和生产（SDG12），水下生物（SDG14），陆地生物（SDG15）以及和平、正义与强大机构（SDG16）方面得分较低，被标注为“红色”。因此，虽然越南的指标评分在东亚和南亚国家中较为领先，但其在实现可持续发展目标的要求方面仍存在诸多不足。

在 2017 年《可持续发展目标指数和指示板全球报告》的指数部分，越南得分为 67.9 分，排名全球第 68，高于东亚和南亚地区的平均分（63.3 分）。在指示板部分，越南仅在无贫穷（SDG1）获得了总体“绿色”，即每个单项均为“绿色”的成绩。但在零饥饿（SDG2），良好健康与福祉（SDG3），体面工作和经济增长（SDG8），产业、创新和基础设施（SDG9），可持续城市和社区（SDG11），陆地生物（SDG15）方面被标注为“红色”。

在 2018 年《可持续发展目标指数和指示板全球报告》的指数部分，越南得分为 69.7 分，排名全球第 57，相较之前两年的排名有了跨越式的提升，也反超了泰国。在指示板部分，越南继续在无贫穷（SDG1）方面获得了“绿色”的成绩；但是在零饥饿（SDG2），良好健康与福祉（SDG3），产业、创新和基础设施（SDG9），水下生物（SDG14），陆地生物（SDG15），和平、正义与强大机构（SDG16）方面均被标注为“红色”，表示越南在这些领域中的表现距离达标还有相当大的差距。结合 SDSN 2018 年报告中新增的趋势板块来看（图 3-11），越南在无贫穷（SDG1）、零饥饿（SDG2）、清洁饮水和卫生设施（SDG6）、体面工作和经济增长（SDG8）及产业、创新和基础设施（SDG9）方面有较快进步，但在和平、正义与强大机构（SDG16）方面的表现则有所倒退。

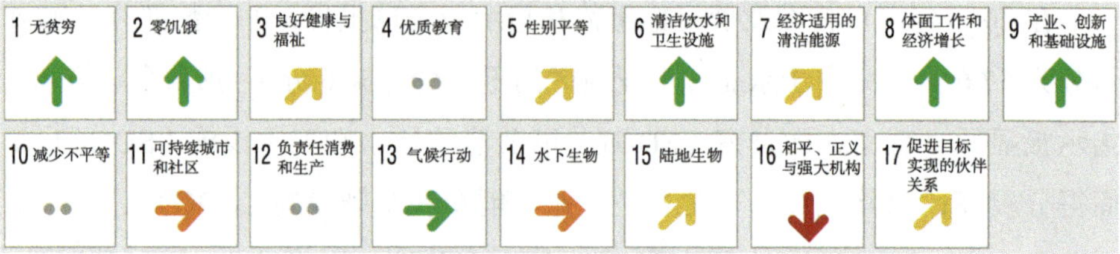

图 3-11　越南实现可持续发展目标趋势图（2018 年）

资料来源：2018 年《可持续发展目标指数和指示板全球报告》。

总体上，越南在 2018 年的评分反超了泰国，成为中南半岛五国中评分最高的国家。然而，越南的“偏科严重”限制了其进一步发展的可能性。越南在 17 项可持续发展目标中仅有一项“绿色”，却有六项“红色”，特别是在零饥饿（SDG2），良好健康与福祉（SDG3），产业、创新和基础设施（SDG9），陆地生物（SDG15）方面长期“挂红”，集中显示出越南当前经济、社会与环境等领域所承受的巨大压力。尽管越南政府高度关注可持续发展议题，迅速提出各项可持续发展政策，并通过重振全球与公私伙伴关系企图解决可持续发展过程中的资金困境，但作为中低收入国家的越南能否顺利实现其 2030 年可持续发展目标，仍然需要打个问号。

3.8　小结

总体来看，澜湄国家尽管在落实 2030 年可持续发展议程中的表现有差异，但都将可持续发展目标这一全球性事务适当地“本土化”，制定出符合本国国情的工作方案。六国有的创新理念（如中国提出“创新、协调、绿色、开放、共享”的新发展理念，泰国提出“适足经济哲学”理念）；有的组建相关机构（如缅甸政府成立国家可持续目标指导委员会，老挝组建国家实施可持续发展目标指导委员会）；有的颁布对接政策（如柬埔寨颁布国家战略发展计划与 SDG 对接，越南制定针对可持续发展目标的国家行动计划）；有的采取多项措施提升全球伙伴关系与公私伙伴关系。这些顶层设计都是澜湄国家在实现可持续发展目标过程中形成的实践案例，未来还可以在这些实践基础上深入探索，共同为全球的可持续发展贡献“澜湄方案”。

而从目前区域的可持续发展表现（图 3-12）来看，澜湄六国大致可以分成两个梯队：第一梯队成员有中国、泰国与越南，这些国家总体表现优于地区平均水平，国际排名一般能保持在前 50%，而且能够不断进步，最好情况能排到第 50~60 名；老挝、柬埔寨与缅甸则组成第二梯队，这一梯队排名多停滞在第 100~120 名，短期内无法取得实质性突破。

第一梯队的进步固然与这些国家较为良好的物质基础有关，但离不开政府部门高度重视。中、泰、越三国政府先后于 2016 年、2017 年和 2018 年向联合国提交了自愿国别评估报告，总结本国可持续发展进展情况。而第二梯队国家中除了老挝在 2018 年提交自愿国别评估报告外，其他两个国家还没有向联合国提交相应报告来全方位总结本国落实 SDG 的情况。

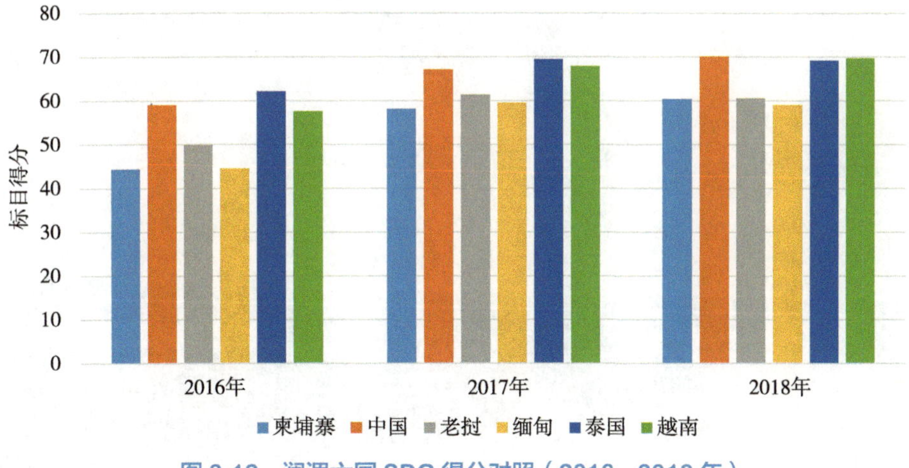

图 3-12　澜湄六国 SDG 得分对照（2016—2018 年）

资料来源：2016—2018 年《可持续发展目标指数和指示板全球报告》。

由此可见，实现可持续发展目标的进程固然取决于该国的经济社会发展水平，但也在很大程度上受到国家能力的影响。此处所讨论的国家能力，主要体现在三个层面，其中最为首要的因素就是国家的财政能力，这限制了国家实现可持续发展目标的可能性和可选手段，比如老挝。其次就是国家的信息能力，这直接影响着国家机关的决策和执行，第二梯队的三国或多或少地出现了缺少数据的情况。最后是国家的整合能力，即是否及时设立了专门负责的政府机关，或实行了对症下药的国家政策来整合不同社会团体的利益诉求与政策偏好，比如越南专门成立了国家可持续发展与竞争力提升委员会和越南可持续发展商业理事会来负责落实可持续发展目标的具体协调事务，整合公私部门在可持续发展事务中的利益与意见。

4 澜湄国家落实 2030 年可持续发展议程合作前景分析

不可否认，同为发展中国家，澜湄六国与 2030 年可持续发展议程各项指标的达标值存在或大或小的差距，为全方位实现可持续发展目标，澜湄六国还需要付出较大努力。目前澜湄国家在落实 2030 年可持续发展议程的过程中也都面临着很多现实挑战，例如以基础设施建设为代表的可持续发展基础相对薄弱、可持续发展理念难以深化和持续、区域治理能力相对不足、气候和环境灾难严重等。同时，澜湄合作也面临着重大机遇，包括澜湄合作机制的不断深化、共建“一带一路”取得显著成就、中国积极贡献中国智慧和方案携手各国共同带动区域的可持续发展等。

当前，澜湄合作已经展现出蓬勃的生机与活力，已经成为南南合作一个新范例，为落实联合国 2030 年可持续发展议程、构建以合作共赢为核心的新型国际关系做出积极贡献，努力打造亚洲命运共同体的“金字招牌”。未来，澜湄六国可以深化在可持续发展领域的对接，增进在减贫和农业方面的合作，加强区域互联互通，共谋高质量发展，共同应对生态环境治理和气候变化的挑战，深化国际合作与提升区域发展伙伴关系，携手推动 2030 年可持续发展目标在澜湄国家的落地生根，为构建澜湄国家命运共同体提供新理念和新方案。

4.1 澜湄国家落实 2030 年可持续发展议程的挑战和机遇

4.1.1 澜湄国家实现可持续发展目标的现实挑战

4.1.1.1 以基础设施建设为代表的可持续发展基础相对薄弱

基础设施作为公共物品，能推动区域互联互通、经济增长和社会发展，为全球经济发展提供新动力[①]。以发展促进全球经济治理，以发展造福人民，以发展解决全球经济问题[②]。

大多数澜湄国家面临着基础设施薄弱的问题，这些国家在产业、创新和基础设施（SDG9）方面与实现 2030 年可持续发展议程还有相当大的距离。尤其是缅甸、老挝、柬埔寨等国家均处于工业化的初期，需要引入大量外资投入经济建设当中，而落后的通信和交通等基础设施会大幅增加生产和交易环节中的沟通及交易成本，降低投资回报率，最终很可能会无法吸引外部资本流入。因此，谨慎应对基础设施薄弱问题是澜湄国家实现可持续发展必须解决的障碍。

4.1.1.2 可持续发展理念难以深化和持续

澜湄国家已由追求经济高速增长阶段转向高质量发展阶段，正处在转变发展方式、优化经济结构、转换增长动力的攻关期。《二十一世纪议程》等一系列文件，明确把发展与环境密切联系在一起，使可持续发展理念得到了足够的重视，但是由于发展中国家普遍面临加快工业化和城市化进程的需求，

① Alice De Jonge. A Perspectives on the emerging role of the Asian Infrastructure Investment Bank［J］. International Affairs，2017，93（5）：1061-1084.

② Misiagiewicz J，Misiagiewicz M. China's "One Belt，One Road" Initiative - the Perspective of the European Union［J］. Annales UMCS，Sectio K（Politologia），2016，23（1）：33-42.

可持续发展理念难以被执行。此外，由于环境问题具有多学科和跨部门性质，环境管理跨部门协调有一定障碍，因为不同部门在执行层面对可持续发展理念有不同的侧重点，这使可持续发展理念在澜湄国家的落地生根存在一定困难。

4.1.1.3 区域治理赤字的挑战

澜湄国家在发展中普遍面临资金不足、管理机制不完善、治理经验不足等问题，普遍面临工业化、信息化、城镇化同步发展所带来的挑战和治理困境。

在当前的时代背景下，全球治理体系和国际秩序变革加速推进，各国之间联系日益加强，然而也要看到世界面临的不稳定性、不确定性问题突出，世界经济增长动能不足，人类面临许多共同挑战，因此加强区域治理能力，应对外部挑战则显得十分重要。

4.1.1.4 气候和环境灾难严重，对可持续发展造成负面影响

发展中国家和地区面临着发展经济、消除贫困、保护环境和应对气候变化的多重挑战，对气候变化与生态环境恶化的不利影响更为敏感。气候变化和环境恶化将影响发展中国家和地区的发展和稳定，具体表现为贫困人口增加、粮食安全受到威胁和经济发展能力减弱等一系列严重后果[①]。中低收入国家尽管工业化程度不高，对气候变化与生态环境污染问题应负的历史责任不大，但同样在经受着气候变化和环境恶化带来的严重影响。

同为发展中国家的澜湄六国也是如此。多年来，次区域以资源型经济为主导的发展模式导致自然资本不断损耗，表现为森林湿地面积的萎缩、水质恶化、空气污染和生物多样性的丧失等，而现有的环境保护措施不足以应对自然资本的损耗。这些国家在气候行动（SDG13）、水下生物（SDG14）与陆地生物（SDG15）等方面的表现有待提高，这表明气候变化和生态环境问题是澜湄国家在下一阶段必须面对的重要课题。

---

① 王志芳. 中国建设“一带一路”面临的气候安全风险［J］. 国际政治研究，2015，36（4）：56-72.

4.1.2 澜湄国家落实 2030 年可持续发展议程面临的重大机遇

4.1.2.1 澜湄合作机制的不断深化

澜湄合作的特点是务实高效、以项目为本。聚焦可持续发展议题，可使澜湄国家积极推进 2030 年可持续发展议程。

澜湄六国外交部均成立了澜湄合作国家秘书处或协调机构，在各个优先领域均建立起了联合工作组，目前澜湄水资源合作中心、澜湄环境合作中心和全球湄公河研究中心已投入运作。2016—2018 年，澜湄六国开展了 20 余个大型基础设施和工业化项目，实施了上百个惠及民生的中小型合作项目，为流域内各国的经济社会发展做出重要贡献，六国已形成全方位合作、协调发展的新格局①。2018 年澜湄六国协商并达成了《澜沧江 – 湄公河合作五年行动计划（2018—2022）》，旨在促进澜湄沿岸各国经济社会发展，增进各国人民福祉，缩小区域内发展差距，建设面向和平与繁荣的澜湄国家命运共同体。对接“一带一路”倡议等合作机制，致力于将澜湄合作打造成为独具特色、具有内生动力、受南南合作激励的新型次区域合作机制，助

① 王毅．建设澜湄国家命运共同体，开创区域合作美好未来［N］．人民日报，2018-3-23（6）．

力东盟共同体建设和地区一体化进程，促进落实联合国 2030 年可持续发展议程①。

4.1.2.2 共建“一带一路”取得显著成就

澜湄合作机制是中国发起和倡导的新型周边次区域合作与发展机制，而“一带一路”倡议是中国创建的全球重大发展平台，对地区合作来说，澜湄合作并不是一个孤立的架构，而是“一带一路”建设的重要组成部分。

到目前为止，已有 100 余个国家和国际组织与中方签署了共建“一带一路”的合作协议。中国在世界各国建设了 75 个境外经贸合作区，产能合作、互联互通和经济走廊建设稳步推进。“一带一路”实际上已成为当今世界规模最大的国际合作平台，也成为国际社会最受欢迎的公共产品②。

截至 2018 年 10 月，中国的中央企业已在“一带一路”沿线承担了

① 国务院新闻办 . 澜沧江 – 湄公河合作五年行动计划（2018—2022）[EB/OL] .（2018-1-11）[2018-09-01] . http://www.scio.gov.cn/31773/35507/htws35512/Document/1615852/1615852.htm.

② 中华人民共和国外交部 . 加强国际法治合作推动“一带一路”建设行稳致远 [EB/OL] .（2018-7-2）[2018-10-01] . https://www.fmprc.gov.cn/web/wjbzhd/t1573308.shtml.

3 116 个项目[①]。在基础设施建设、能源资源开发、国际产能合作等领域，中央企业承担了一大批具有示范性和带动性的重大项目和工程的建设工作。

中国至老挝铁路为区域互联互通奠定坚实基础，由中国石油承建的中缅原油管道、中缅天然气管道等项目，有效解决了油气资源输出难的问题。中国在越南最大投资项目永新燃煤电厂一期现已动工，还有中泰铁路已动工、“雅加达—万隆”高铁已启动、西哈努克港经济特区“百家企业入园”已启动、马来西亚东海岸铁路已在马来西亚关丹举行开工仪式等。结合“一带一路”沿线国家产业发展情况，中央企业多个工业、制造业项目已在老挝、蒙古、印度尼西亚等国家成功落地。

澜湄次区域是东南亚的重要组成部分。东南亚地区一直具有重要的战略地位，大国竞争是东南亚地区的常态。在地缘政治上，东南亚邻近南海和马六甲海峡，影响着亚洲国家尤其是东北亚地区的能源进口；在经济上，东盟是全球第六大经济实体，东南亚成为跨国公司投资办厂的新地区；在安全上，东南亚国家的国防实力不断上升。东南亚是世界上经济增速较快的地区之一，近年来东南亚国家经济自由化程度不断提升，并推动经济快速发展。2018 年 9 月，在夏季达沃斯论坛上，国家信息中心发布了《“一带一路”大数据报告（2018）》，报告显示，2016—2018 年“一带一路”国别合作度总体得分排名前十的国家包括越南、泰国、马来西亚、新加坡、印度尼西亚、柬埔寨 6 个东南亚国家，展现了东南亚地区与“一带一路”倡议的紧密联系。2018 年 9 月 21 日，商务部发布《中国“一带一路”贸易投资报告》，梳理“一带一路”经贸合作情况，报告显示，中国在东南亚地区直接投资存量为 818.6 亿美元，占中国在“一带一路”相关国家和地区投资存量总额的 56.0%，突显东南亚在“一带一路”建设中的重要地位。

---

① 中国政府网 . 央企承建“一带一路”项目 3 116 个［EB/OL］.（2018-10-31）［2018-11-01］. http://www.gov.cn/xinwen/2018-10/31/content_5336052.htm.

共建“一带一路”坚持以对接发展为途径。2013—2018 年，“一带一路”倡议在全球、国家层面进行成功的发展战略对接，包括联合国的 2030 年可持续发展议程、越南的“两廊一圈”规划、老挝的“变陆锁国为陆联国”战略、泰国的“东部经济走廊”计划、柬埔寨的“四角战略”等。

5 年来，“一带一路”建设取得了令人瞩目的成绩，国际合作项目越来越多，一批有影响力的标志性项目逐步落地。“一带一路”建设取得的积极成果为推动全球经济发展，特别是为澜湄国家发展带来新的理念、方案和机遇。澜湄合作各方通过积极参与和推动“一带一路”建设，扎实提升地区互联互通、区域合作和治理，为沿岸国家人民创造更多福祉，推动 2030 年可持续发展目标的早日实现。

4.1.2.3 中国积极贡献中国智慧和方案，携手各国共同带动区域的可持续发展

中国作为负责任的大国，率先执行 2030 年可持续发展议程。作为世界上最大的发展中国家，中国坚持发展为第一要务，已经全面启动可持续发展议程落实工作。中方发布《落实 2030 年可持续发展议程中方立场文件》，其中包括中国的发展成就和经验，成为指导中国开展 2030 年可持续发展议程落实工作的行动指南，并为其他国家尤其是发展中国家推进落实工作提供借鉴。面向未来，中国将以《国别方案》为指导，贯彻“创新、协调、绿色、开放、共享”的新发展理念，加快推进 2030 年可持续发展议程落实工作，并继续为全球可持续发展事业做出力所能及的贡献。

中共十八大以来，以习近平同志为核心的党中央把生态文明建设作为统筹推进“五位一体”总体布局和协调推进“四个全面”战略布局的重要内容，谋划开展一系列根本性、长远性、开创性工作，牢固树立绿色发展理念，推动中国生态环境保护从实践到认识发生了历史性、转折性、全局性变化，积极参与全球生态环境治理，推动落实联合国 2030 年可持续发展议程，携手共建绿色“一带一路”，为打造人类命运共同体、建设清洁美丽世界贡献智慧和

力量。中国将积极贡献中国智慧和方案，推动《巴黎协定》的全面有效实施，促进全球绿色低碳发展，构建人类命运共同体；充分发挥应对气候变化工作对经济转型升级的引领作用，积极参与和引领全球气候治理，深化国际合作和交流。此外，中国还为全球治理贡献新理念和方案，引领全球治理变革。

4.2 澜湄国家落实 2030 年可持续发展议程的合作路径

澜湄国家在落实联合国 2030 年可持续发展目标方面已经取得一系列新的重要进展，但是也存在基础设施薄弱、可持续发展理念难以深化、区域治理赤字和生态环境问题等多方面挑战。同时澜湄国家在落实 2030 年可持续发展议程方面也面临着重大机遇，特别是澜湄合作机制的深化可以与共建“一带一路”的推进协同并进。中国是落实 2030 年可持续发展目标的重要参与者、贡献者和引领者，协同推进澜湄次区域 2030 年可持续发展议程和“一带一路”高质量发展，实现在区域治理、应对生态环境和气候问题、基础设施建设等方面的对接，可以为澜湄国家实现 2030 年可持续发展目标，构建澜湄国家命运共同体提供新理念和方案。

澜湄合作是促进区域发展与繁荣、建立互利互惠与合作共赢的澜湄国家命运共同体的重要平台。各国已明确了政治安全、经济与可持续发展、社会人文三大支柱，以及互联互通、产能合作、跨境经济合作、水资源、农业和减贫五个优先方向。未来，澜湄国家可以根据互补性和共同性标准，聚焦重点合作领域，推动澜湄国家转型发展。

4.2.1 澜湄国家可持续发展领域的对接

4.2.1.1 在减贫和农业方面增进合作

从对澜湄国家可持续发展的整体评估来看，澜湄国家在零饥饿（SDG2）和良好健康与福祉（SDG3）方面还有待提高。特别是柬埔寨、老挝、缅甸与越南四国。这四国发展程度相对落后，而且农业依然是国民经济的基础，依据其首字母排序，可称为“CLMV 国家”。所以未来一段时间内，减贫和农业领域仍然是 CLMV 国家落实 2030 年可持续发展议程的重中之重。

中国可以通过澜湄合作机制分享减贫与可持续农业管理的经验，积极开展农业能力建设合作与相关技术交流，建立更多的农业技术促进中心和优质高产农作物推广站，加强粮食安全、渔业与畜牧业合作；继续推动落实东亚减贫合作倡议，并开展减贫合作示范项目。

4.2.1.2 加强在区域互联互通方面的协同发展

落实 2030 年可持续发展议程需在各领域加强对可持续基础设施的投资（SDG6、SDG7、SDG9、SDG11）。这些投资有助于实现全球经济增长，消除贫困，应对气候变化，保护生态系统等（SDG1、SDG3、SDG8、SDG13、SDG14、SDG15）。

中国根据《澜沧江－湄公河合作五年行动计划（2018—2022）》编制“澜湄国家互联互通规划”，促进澜湄国家全面互联互通，探索建立澜湄合作走廊[①]。推动铁路、公路、水运、港口、电网、信息网络、航空等基础设施建设与升级，增加包括北斗系统在内的全球卫星导航系统在澜湄国家基础设施建设、交通、物流、旅游、农业等领域的应用。

澜湄合作与中国—中南半岛经济走廊交叉，中国应进一步发挥区域合作的引领作用，从“一带一路”建设高度上将中国—中南半岛经济走廊建设与澜沧江－湄公河合作机制有机结合，实现中国—中南半岛经济走廊建设与澜沧江－湄公河合作机制的良性互动[②]。积极促进“一带一路”国际合作，努力实现政策沟通、设施联通、贸易畅通、资金融通、民心相通，打造国际合作

---

① 国务院新闻办 . 澜沧江－湄公河合作五年行动计划（2018—2022）[EB/OL] .（2018-1-11）[2018-09-01] . http://www.scio.gov.cn/31773/35507/htws35512/Document/1615852/1615852.htm.

② 卢光盛 . 澜沧江－湄公河合作机制与中国—中南半岛经济走廊建设［ J ］. 东南亚纵横，2016（6）：31-35.

新平台，增添共同发展新动力，缩小南北发展差距，促进发展中国家落实2030年可持续发展目标。

4.2.1.3　共谋高质量发展

2030年可持续发展议程主要以质量型目标为衡量标准。可持续发展不仅重视经济增长的速度，更追求经济发展的质量。从内容规划来看，澜湄合作将进一步深化六国睦邻友好关系，促进成员国经济社会发展，缩小地区发展差距，推动东盟共同体建设和区域一体化进程，打造应对非传统安全挑战的南南合作新典范，促进次区域发展与繁荣、建立互利互惠与合作共赢的澜湄国家命运共同体。

"一带一路"倡议重视高质量发展。2018年习近平主席出席推进"一带一路"建设工作5周年座谈会并发表重要讲话，强调推动共建"一带一路"向高质量发展转变，这是下一阶段推进共建"一带一路"工作的基本要求。澜湄合作作为"一带一路"倡议的重要一环，也应迈向更高质量的发展，充分增加澜湄次区域合作的"厚度"，丰富和充实澜湄合作的内涵。

4.2.1.4　区域环境治理和应对气候变化的协同

区域生态环境问题是澜湄国家及其人民面临的共同挑战，生态环境问题已经成为澜湄合作的重要课题，也是2030年可持续发展议程的重要维度。加强区域应对气候变化与可持续发展的政策协同是澜湄国家在可持续发展领域对接的重要方向之一。

（1）推进澜沧江－湄公河环境合作中心建设

2017年11月，澜沧江－湄公河环境合作中心在北京成立，旨在推动澜湄区域六国生态环境保护合作，促进可持续发展。澜沧江－湄公河环境合作中心成立以来，积极对接澜湄六国环境保护发展规划，制定并通过《澜湄国家环境合作战略》，制定并实施"绿色澜湄计划"，重点推动大气、水污染防治和生态系统管理合作，加强与相关次区域沟通。此外，该中心还重视加强环境保护能力建设和宣传教育合作，旨在提高民众环保意识。在“绿色澜湄计划”框架下，澜沧江－湄公河环境合作中心通过组织澜湄环境合作圆桌对话，为澜湄国家政府与企业、智库、国际组织搭建环境政策沟通交流平台，开展环境管理能力建设活动，推动澜湄国家提升自身环境管理能力。在该中心的推动下，中柬环境合作中心建立，柬埔寨白马市污水处理设备援助项目启动；筹备中老环境合作办公室，开展中老清洁水计划示范项目、中老大气环境自动监测示范项目以及老挝南塔省省立中学污水处理示范项目等，取得一系列积极成果。

（2）推进绿色“一带一路”建设

国家主席习近平在首届“一带一路”国际合作高峰论坛开幕式上倡议建立“一带一路”绿色发展国际联盟。“一带一路”绿色发展国际联盟的宗旨是促进实现“一带一路”绿色发展国际共识、合作和一致行动，将可持续发展融入“一带一路”倡议，助力“一带一路”共建国家实现 2030 年可持续发展目标中与环境发展有关的指标。搭建国际平台，分享各国绿色发展的理念、政策与实践经验；开展国际和区域层面的研讨与对话，提供多层次、多领域、统筹兼顾、注重成效的政策建议。此外，该联盟还强调了各国企业发挥的积极作用，提高互联互通和国际产能合作的绿色化水平，并共同为沿线国家的绿色、包容、可持续发展做出贡献，提升沿线各国实现 2030 年可持续发展议程中环境目标的能力。“一带一路”绿色发展国际联盟以开放、包容的精神欢迎国际组织、沿线国家政府部门、企业、研究机构、社会团体等参与。

（3）积极应对气候变化

为应对气候变化，联合国 195 个会员国于 2015 年在联合国气候峰会上通过了《巴黎协定》，对 2020 年后全球应对气候变化行动进行安排。澜湄合作坚持将应对气候变化融入澜湄国家的发展中，为全球应对气候问题贡献澜湄力量。目前中国已与泰国等国初步构建红树林保护合作网络，并通过向柬埔寨、缅甸等国捐赠清洁炉灶等方式务实推动澜湄国家气候合作，维护气候社区与妇女、儿童可持续发展权益，加强区域应对气候变化与可持续发展的政策协同，推动区域开展气候变化适应与减缓的示范合作。

4.2.1.5 深化国际合作与提升区域发展伙伴关系

加强澜湄国家治理和发展合作，深化与中国发起的“一带一路”倡议的对接。“一带一路”之所以成为当今世界最受欢迎的国际公共产品，关键在于抓住发展赤字与治理赤字的矛盾，致力于构建以合作共赢为核心的发展伙伴关系。

中国国家主席习近平 2018 年 8 月 27 日在北京人民大会堂出席推进“一带一路”建设工作 5 周年座谈会并发表重要讲话强调，共建“一带一路”顺应了全球治理体系变革的内在要求，彰显了同舟共济、权责共担的命运共同体意识。以人类命运共同体思想来深化中国与湄公河国家的合作，将会为提升澜湄次区域伙伴关系提供新思路和新方案。

4.2.2 推动构建澜湄国家命运共同体

实现经济、社会和环境三大领域的可持续发展需要澜湄国家长期的共同努力，需要持续提升中国对澜湄次区域可持续发展的引领作用，树立人类命运共同体理念，共同构建澜湄国家命运共同体。

4.2.2.1 经济发展共同体

经济发展共同体旨在促进澜湄沿岸各国经济社会发展，增进各国人民福祉，缩小区域内发展差距，建设面向和平与繁荣的澜湄国家命运共同体。中国加强与湄公河国家的合作，一方面有助于促进澜湄经济发展转型，另一方面也可以深化中国与湄公河国家的发展伙伴关系，贡献中国智慧和中国方案。

4.2.2.2 社会治理共同体

共建澜湄国家命运共同体。精心培育富有特色的澜湄合作文化，共建团结互助、平等协商、互利互惠、合作共赢的澜湄国家命运共同体，为在更广范围内构建亚洲命运共同体打下坚实的基础，描绘未来合作的发展蓝图。各方将为建设澜湄国家命运共同体而努力，将澜湄合作打造成亚洲命运共同体建设的“金字招牌”和“一带一路”建设的重要平台。

4.2.2.3 环境保护和治理共同体

共同设立澜沧江－湄公河环境合作中心，标志着澜湄环境合作成为本地区共商、共建、共享的新型次区域合作机制的重要组成部分。澜沧江－湄公河国家同属发展中国家，面临着相似的经济发展与环境保护问题。分享环保经验、改善环境质量、促进各国可持续发展是澜湄国家共同的目标。坚持绿色发展，推进区域可持续发展和生态环境安全可以为全球日益复杂和严峻的生态环境和气候变化问题提供澜湄方案。

4.2.2.4 持续提升中国对澜湄次区域可持续发展的参与、贡献和引领

贯彻落实习近平外交思想，积极发展全球伙伴关系，扩大同各国的利益交会点，按照亲诚惠容理念和与邻为善、以邻为伴周边外交方针深化同周边国家关系，秉持正确义利观和亲诚惠容理念，加强同周边国家团结合作。澜湄合作具有重要的示范效应，是打造新型国际关系和南南合作的典范，有利于提升中国对澜湄次区域可持续发展的参与、贡献和引领。“一带一路”和澜湄合作前景广阔，中国可以为湄公河国家的发展和区域治理贡献中国智慧、中国方案。

坚持共商、共建、共享的全球治理观，倡导国际关系民主化，支持联合国发挥积极作用，支持扩大发展中国家在国际事务中的代表性和发言权。中国将继续发挥负责任大国的引领作用，积极参与全球发展和环境治理事业，持续提升中国对澜湄次区域可持续发展的参与、贡献和引领。

在经济、社会、环境三大领域形成良性促进，走出一条经济繁荣、社会

进步、环境优美的可持续发展之路。要树立经济、社会和环境全局意识，做好规划设计，紧抓重点项目，强化风险防范。构筑尊崇自然、绿色发展的生态体系，做全球发展的贡献者、国际和平和秩序的维护者。协调 2030 年可持续发展目标、共建“一带一路”以及澜湄合作的相互促进，提升中国的对外发展统筹协调能力，携手构建澜湄国家命运共同体。

附 录

附录1　2030年可持续发展议程各项可持续发展目标和具体目标全球指标框架[①]

可持续发展目标指标应根据《官方统计基本原则》，按收入、性别、年龄、种族、民族、移徙情况、残疾情况、地理位置或其他特征酌情分类[②]。

目标和具体目标	指标	指标编码
目标 1. 在全世界消除一切形式的贫穷		
1.1　到2030年，在全球所有人口中消除极端贫困，极端贫困目前的衡量标准是每人每日生活费不足1.25美元	1.1.1　低于国际贫穷线人口的比例，按性别、年龄、就业状况、地理位置（城市/农村）分列	C010101
1.2　到2030年，按各国标准界定的陷入各种形式贫困的各年龄段男女和儿童至少减半	1.2.1　国家贫穷线以下人口的比例，按性别和年龄组分列	C010201
	1.2.2　各国按其标准界定的陷入各种形式贫穷的不同年龄段男女和儿童所占比例	C010202
1.3　执行适合本国国情的全民社会保障制度和措施，包括最低标准，到2030年在较大程度上覆盖穷人和弱势群体	1.3.1　社会保护最低标准/系统覆盖的人口比例，按性别分列并区分儿童、失业者、老年人、残疾人、孕妇、新生儿、工伤受害者、穷人和弱势者	C010301

① 如大会2017年7月6日通过的决议附件所载，统计委员会关于2030年可持续发展议程的工作（A/RES/71/313）& E/CN.3/2018/2。

② 大会第68/261号决议。

目标和具体目标	指标	指标编码
1.4　到2030年，确保所有男女，特别是穷人和弱势群体，享有平等获取经济资源的权利，享有基本服务，获得对土地和其他形式财产的所有权和控制权，继承遗产，获取自然资源、适当的新技术和包括小额信贷在内的金融服务	1.4.1　其家庭可获得基本服务的人口比例	C010401
	1.4.2　按性别和保有权类型分列，拥有可靠的土地保有权，（a）拥有法律承认文件；（b）认为其土地权利受到保障者在总成年人口中所占的比例	C010402
1.5　到2030年，增强穷人和弱势群体的抵御灾害能力，降低其遭受极端天气事件和其他经济、社会、环境冲击和灾害的概率和易受影响程度	1.5.1　每10万人当中因灾害死亡、失踪和直接受影响的人数	C200303
	1.5.2　灾害造成的直接经济损失与全球国内生产总值相比	C010502
	1.5.3　依照《2015—2030年仙台减少灾害风险框架》通过和执行国家减少灾害风险战略的国家数目	C200304
	1.5.4　依照国家减少灾害风险战略通过和执行地方减少灾害风险战略的地方政府比例	C200305
1.a　确保从各种来源，包括通过加强发展合作充分调集资源，为发展中国家、特别是最不发达国家提供充足、可预见的手段以执行相关计划和政策，消除一切形式的贫困	1.a.1　由政府直接向减贫方案分配的国内产生的资源比例	C010a01
	1.a.2　用于基本服务（教育、保健和社会保护）的开支在政府总开支中的比例	C010a02
	1.a.3　直接分配给减贫方案的拨款总额和不产生债务的流入款额之和与国内生产总额相比的比例	C010a03
1.b　根据惠及贫困人口和顾及性别平等问题的发展战略，在国家、区域和国际层面制定合理的政策框架，支持加快对消贫行动的投资	1.b.1　政府经常性支出和资本中用于特别有益于女性、贫困者和弱势群体领域的比例	C010b01

目标和具体目标	指标	指标编码
目标 2. 消除饥饿，实现粮食安全，改善营养状况和促进可持续农业		
2.1　到 2030 年，消除饥饿，确保所有人，特别是穷人和弱势群体，包括婴儿，全年都有安全、营养和充足的食物	2.1.1　营养不足发生率	C020101
	2.1.2　根据粮食无保障情况表，中度或严重的粮食无保障人口发生率	C020102
2.2　到 2030 年，消除一切形式的营养不良，包括到 2025 年实现 5 岁以下儿童发育迟缓和消瘦问题相关国际目标，解决青春期少女、孕妇、哺乳期妇女和老年人的营养需求	2.2.1　5 岁以下儿童发育迟缓发病率（年龄标准身高小于世卫组织儿童生长发育标准中位数 –2 的标准偏差）	C020201
	2.2.2　按类型（消瘦和超重）分列的 5 岁以下儿童营养不良发生率（身高标准体重大于或小于世卫组织儿童生长发育标准中位数 +2 或 –2 的标准偏差）	C020202
2.3　到 2030 年，实现农业生产力翻倍和小规模粮食生产者，特别是妇女、土著居民、农户、牧民和渔民的收入翻番，具体做法包括确保平等获得土地、其他生产资源和要素、知识、金融服务、市场以及增值和非农就业机会	2.3.1　按农业 / 畜牧 / 林业企业规模分类的每个劳动单位的生产量	C020301
	2.3.2　按性别和土著地位分类的小型粮食生产者的平均收入	C020302
2.4　到 2030 年，确保建立可持续粮食生产体系并执行具有抗灾能力的农作方法，以提高生产力和产量，帮助维护生态系统，加强适应气候变化、极端天气、干旱、洪涝和其他灾害的能力，逐步改善土地和土壤质量	2.4.1　从事生产性和可持续农业的农业地区比例	C020401

目标和具体目标	指标	指标编码
2.5　到 2020 年，通过在国家、区域和国际层面建立管理得当、多样化的种子和植物库，保持种子、种植作物、养殖和驯养的动物及与之相关的野生物种的遗传多样性；根据国际商定原则获取及公正、公平地分享利用遗传资源和相关传统知识产生的惠益	2.5.1　中期或长期养护设施维持的粮食和农业动植物遗传资源的数量	C020501
	2.5.2　被归类为面临灭绝危险、没有危险或危险不为人所知的当地品种的比例	C020502
2.a　通过加强国际合作等方式，增加对农村基础设施、农业研究和推广服务、技术开发、植物和牲畜基因库的投资，以增强发展中国家，特别是最不发达国家的农业生产能力	2.a.1　政府支出的农业取向指数	C020a01
	2.a.2　用于农业部门的官方资金（官方发展援助和其他官方资金流）总额	C020a02
2.b　根据多哈发展回合授权，纠正和防止世界农业市场上的贸易限制和扭曲，包括同时取消一切形式的农业出口补贴和具有相同作用的所有出口措施	2.b.1　农产品出口补贴	C020b02
2.c　采取措施，确保粮食商品市场及其衍生工具正常发挥作用，确保及时获取包括粮食储备量在内的市场信息，限制粮价剧烈波动	2.c.1　食品价格异常指标	C020c01
目标 3. 确保各年龄段人群的健康生活方式，促进他们的福祉		
3.1　到 2030 年，全球孕产妇每 10 万例活产的死亡率降至 70 人以下	3.1.1　孕产妇死亡率	C030101
	3.1.2　由熟练保健人员协助的分娩比例	C030102
3.2　到 2030 年，消除新生儿和 5 岁以下儿童可预防的死亡，各国争取将新生儿每 1 000 例活产的死亡率至少降至 12 例，5 岁以下儿童每 1 000 例活产的死亡率至少降至 25 例	3.2.1　5 岁以下儿童死亡率	C030201
	3.2.2　新生儿死亡率	C030202

目标和具体目标	指标	指标编码
3.3 到 2030 年，消除艾滋病、结核病、疟疾和被忽视的热带疾病等流行病，抗击肝炎、水传播疾病和其他传染病	3.3.1 每 1 000 名未感染者中艾滋病毒新感染病例数，按性别、年龄和主要群体分列	C030301
	3.3.2 每 100 000 人中的结核病发生率	C030302
	3.3.3 每 1 000 人中的疟疾发生率	C030303
	3.3.4 每 100 000 人中的乙型肝炎发生率	C030304
	3.3.5 必须接受干预措施以治疗被忽视的热带疾病的人数	C030305
3.4 到 2030 年，通过预防、治疗及促进身心健康，将非传染性疾病导致的过早死亡减少 1/3	3.4.1 心血管疾病、癌症、糖尿病或慢性呼吸道疾病死亡率	C030401
	3.4.2 自杀死亡率	C030402
3.5 加强对滥用药物包括滥用麻醉药品和有害使用酒精的预防和治疗	3.5.1 药物使用紊乱症治疗措施的覆盖面（药物、心理、康复及疗后护理服务）	C030501
	3.5.2 酒精有害饮用量，根据国情界定为一个历年内以纯酒精升数表示的人均（15 岁及 15 岁以上）消费量	C030502
3.6 到 2020 年，全球道路交通事故造成的死伤人数减半	3.6.1 因道路交通伤所致死亡率	C030601
3.7 到 2030 年，确保普及性健康和生殖健康保健服务，包括计划生育、信息获取和教育，将生殖健康纳入国家战略和方案	3.7.1 计划生育方面需求通过现代化方法得到满足的育龄妇女（15～49 岁）的比例	C030701
	3.7.2 该年龄组每 1 000 名女性的青少年生育率（10～14 岁；15～19 岁）	C030702

目标和具体目标	指标	指标编码
3.8　实现全民健康保障，包括提供经济风险保护，人人享有优质的基本保健服务，人人获得安全、有效、优质和负担得起的基本药品和疫苗	3.8.1　基本保健服务的覆盖面（定义为以跟踪措施向普通和最弱势群体提供包括生殖健康、孕产妇健康、新生儿和儿童健康、传染性疾病、非传染性疾病和服务能力和机会的基本服务平均覆盖范围）	C030801
	3.8.2　家庭保健支出在家庭总支出或收入中所占份额大的人口比例	C030802
3.9　到2030年，大幅减少危险化学品以及空气、水和土壤污染导致的死亡和患病人数	3.9.1　家庭和环境空气污染导致的死亡率	C030901
	3.9.2　不安全供水、不安全环卫设施以及缺乏个人卫生（接触人人享有饮水、环境卫生和个人卫生项目（水卫项目）所述的不安全服务）导致的死亡率	C030902
	3.9.3　意外中毒导致的死亡率	C030903
3.a　酌情在所有国家加强执行《世界卫生组织烟草控制框架公约》	3.a.1　15岁及以上人口中目前的年龄标准化烟草使用流行率	C030a01
3.b　支持研发主要影响发展中国家的传染和非传染性疾病的疫苗和药品，根据《〈关于与贸易有关的知识产权协议〉与公共健康的多哈宣言》的规定，提供负担得起的基本药品和疫苗，《多哈宣言》确认发展中国家有权充分利用《与贸易有关的知识产权协议》中关于采用变通办法保护公众健康，尤其是让所有人获得药品的条款	3.b.1　能够享用其国家方案内的所有疫苗的目标人口比例	C030b01
	3.b.2　给予医学研究和基本保健部门的官方发展援助总数净额	C030b02
	3.b.3　具备一套可持续获得、负担得起、相关和必要的核心药物的保健设施所占比例	C030b03
3.c　大幅加强发展中国家，尤其是最不发达国家和小岛屿发展中国家的卫生筹资，增加其卫生工作者的招聘、培养、培训和留用	3.c.1　卫生工作者的密度和分布情况	C030c01

目标和具体目标	指标	指标编码
3.d 加强各国特别是发展中国家早期预警、减少风险，以及管理国家和全球健康风险的能力	3.d.1 遵守《国际卫生条例》的能力和保健方面应急准备	C030d01
目标 4. 确保包容和公平的优质教育，让全民终身享有学习机会		
4.1 到 2030 年，确保所有男女童完成免费、公平和优质的中小学教育，并取得相关和有效的学习成果	4.1.1 （a）在 2~3 年级；（b）小学结束时；（c）初中结束时获得起码的㈠阅读和㈡数学能力的儿童和青年的比例，按性别分列	C040101
4.2 到 2030 年，确保所有男女童获得优质儿童早期发展、看护和学前教育，为他们接受初级教育做好准备	4.2.1 在保健、学习和社会心理健康方面发育正常的 5 岁以下儿童的比例，按性别分列	C040201
	4.2.2 有组织学习（小学入学正规年龄的一年前）的参与率，按性别分列	C040202
4.3 到 2030 年，确保所有男女平等获得负担得起的优质技术、职业和高等教育，包括大学教育	4.3.1 过去 12 个月青年和成年人正规和非正规教育和培训的参与率，按性别分列	C040301
4.4 到 2030 年，大幅增加掌握就业、体面工作和创业所需相关技能，包括技术性和职业性技能的青年和成年人数	4.4.1 掌握信通技术技能的青年和成年人的比例，按技能类型分列	C040401
4.5 到 2030 年，消除教育中的性别差距，确保残疾人、土著居民和处境脆弱儿童等弱势群体平等获得各级教育和职业培训	4.5.1 所有可以分类的教育指标的均等指数（女 / 男、城市 / 农村、财富五分位最低 / 最高，以及具备有关数据的其他方面，如残疾状况、土著人民和受冲突影响等）	C040501
4.6 到 2030 年，确保所有青年和大部分成年男女具有识字和计算能力	4.6.1 某一年龄组中获得既定水平的实用（a）识字和（b）识数能力的人口比例，按性别分列	C040601

目标和具体目标	指标	指标编码
4.7 到2030年，确保所有从事学习的人都掌握可持续发展所需的知识和技能，具体做法包括开展可持续发展、可持续生活方式、人权和性别平等方面的教育、弘扬和平和非暴力文化、提升全球公民意识，以及肯定文化多样性和文化对可持续发展的贡献	4.7.1 （一）全球公民教育和（二）可持续发展教育，包括两性平等和人权，在多大程度上在：国家教育政策、课程、教师培训和、学生评估方面进入主流	C040701
4.a 建立和改善兼顾儿童、残疾和性别平等的教育设施，为所有人提供安全、无暴力、包容和有效的学习环境	4.a.1 能获得以下资源的学校比例：（a）电；（b）教学用因特网；（c）教学用电脑；（d）为残疾学生提供的经调整的基础设施和材料；（e）饮用水；（f）男女分开的基本卫生设施；（g）基本洗手设施（按水卫项目指标定义）	C040a01
4.b 到2020年，在全球范围内大幅增加发达国家和部分发展中国家为发展中国家，特别是最不发达国家、小岛屿发展中国家和非洲国家提供的高等教育奖学金数量，包括职业培训和信息通信技术、技术、工程、科学项目的奖学金	4.b.1 按部门和学习类型分列的奖学金官方发展援助数额	C040b01
4.c 到2030年，大幅增加合格教师人数，具体做法包括在发展中国家，特别是最不发达国家和小岛屿发展中国家开展师资培训方面的国际合作	4.c.1 至少接受过有关国家相应水平教学所规定最低水平的有组织任前或在职师资培训（如教学法培训）的学前、小学、初中、高中教育中教师的比例	C040c01
目标5. 实现性别平等，增强所有妇女和女童的权能		
5.1 在全球消除对妇女和女童一切形式的歧视	5.1.1 是否已制定法律框架来促进、推行和监督实现平等和无性别歧视	C050101

目标和具体目标	指标	指标编码
5.2 消除公共和私营部门针对妇女和女童一切形式的暴力行为，包括贩卖、性剥削及其他形式的剥削	5.2.1 有过伴侣的妇女和 15 岁及以上女童在过去 12 个月中遭到过现任或前任亲密伴侣殴打、性暴力或心理暴力的比例，按暴力形式和年龄分列	C050201
	5.2.2 妇女和 15 岁及以上女童在过去 12 个月中遭到过亲密伴侣之外其他人的性暴力的比例，按年龄组和发生地分列	C050202
5.3 消除童婚、早婚、逼婚及割礼等一切伤害行为	5.3.1 20～24 岁妇女中在 15 岁以前和 18 岁之前结婚或同居的妇女所占比例	C050301
	5.3.2 15～49 岁女童和妇女中生殖器被残割 / 切割过的人所占比例，按年龄分列	C050302
5.4 认可和尊重无偿护理和家务，各国可视本国情况提供公共服务、基础设施和社会保护政策，在家庭内部提倡责任共担	5.4.1 用于无薪酬家务和护理工作的时间所占比例，按性别、年龄和地点分列	C050401
5.5 确保妇女全面有效参与各级政治、经济和公共生活的决策，并享有进入以上各级决策领导层的平等机会	5.5.1 妇女在国家议会和地方政府席位中所占比例	C050501
	5.5.2 妇女在管理岗位任职的比例	C050502
5.6 根据《国际人口与发展会议行动纲领》《北京行动纲领》及其历次审查会议的成果文件，确保普遍享有性和生殖健康以及生殖权利	5.6.1 15～49 岁妇女就性关系、使用避孕药具和生殖保健问题自己做出知情决定的比例	C050601
	5.6.2 已制定法律规章确保 15 岁及以上的男女充分和平等享有获得性与生殖保健、信息和教育机会的国家数目	C050602

目标和具体目标	指标	指标编码
5.a 根据各国法律进行改革，给予妇女平等获取经济资源的权利，以及享有对土地和其他形式财产的所有权和控制权，获取金融服务、遗产和自然资源	5.a.1 农业总人口中对农业用地拥有所有权或有保障权利的人口比例，按性别分列；农业用地所有人或权利人中妇女所占比例，按土地保有类型分列	C050a01
	5.a.2 包括习惯法在内的国家法律框架保障妇女有权平等享有土地所有权和（或）控制权的国家所占比例	C050a02
5.b 加强技术特别是信息和通信技术的应用，以增强妇女权能	5.b.1 拥有移动电话的人口比例，按性别分列	C050b01
5.c 采用和加强合理的政策和有执行力的立法，促进性别平等，在各级增强妇女和女童权能	5.c.1 已建立制度来追踪并拨付公共款项用于性别平等和增强妇女权能的国家所占比例	C050c01
目标 6. 为所有人提供水和环境卫生并对其进行可持续管理		
6.1 到 2030 年，人人普遍和公平获得安全和负担得起的饮用水	6.1.1 使用得到安全管理的饮用水服务的人口比例	C060101
6.2 到 2030 年，人人享有适当和公平的环境卫生和个人卫生，杜绝露天排便，特别注意满足妇女、女童和弱势群体在此方面的需求	6.2.1 使用得到安全管理的环境卫生设施服务和提供肥皂和水的洗手设施的人口所占的比例	C060201
6.3 到 2030 年，通过以下方式改善水质：减少污染，消除倾倒废物现象，把危险化学品和材料的排放减少到最低限度，将未经处理废水比例减半，大幅增加全球废物回收和安全再利用	6.3.1 安全处理废水的比例	C060301
	6.3.2 环境水质良好的水体比例	C060302

目标和具体目标	指标	指标编码
6.4　到 2030 年，所有行业大幅提高用水效率，确保可持续取用和供应淡水，以解决缺水问题，大幅减少缺水人数	6.4.1　按时间列出的用水效率变化	C060401
	6.4.2　用水紧张程度：淡水汲取量占可用淡水资源的比例	C060402
6.5　到 2030 年，在各级进行水资源综合管理，包括酌情开展跨境合作	6.5.1　水资源综合管理的执行程度（0～100）	C060501
	6.5.2　制定有水合作业务安排的跨界流域的比例	C060502
6.6　到 2020 年，保护和恢复与水有关的生态系统，包括山地、森林、湿地、河流、地下含水层和湖泊	6.6.1　与水有关的生态系统范围随时间的变化	C060601
6.a　到 2030 年，扩大向发展中国家提供的国际合作和能力建设支持，帮助它们开展与水和卫生有关的活动和方案，包括雨水采集、海水淡化、提高用水效率、废水处理、水回收和再利用技术	6.a.1　作为政府协调开支计划组成部分的与水和环境卫生有关的官方发展援助数额	C060a01
6.b　支持和加强地方社区参与改进水和环境卫生管理	6.b.1　已经制定业务政策和流程以促进当地社区参与水和环境卫生管理的地方行政单位的比例	C060b01
目标 7. 确保人人获得负担得起的、可靠和可持续的现代能源		
7.1　到 2030 年，确保人人都能获得负担得起的、可靠的现代能源服务	7.1.1　能获得电力的人口比例	C070101
	7.1.2　主要依靠清洁燃料和技术的人口比例	C070102
7.2　到 2030 年，大幅增加可再生能源在全球能源结构中的比例	7.2.1　可再生能源在最终能源消费总量中的份额	C070201
7.3　到 2030 年，全球能效改善率提高一倍	7.3.1　以一次能源和国内生产总值计量的能源密集度	C070301

目标和具体目标	指标	指标编码
7.a　到 2030 年，加强国际合作，促进获取清洁能源的研究和技术，包括可再生能源、能效，以及先进和更清洁的化石燃料技术，并促进对能源基础设施和清洁能源技术的投资	7.a.1　为资助清洁能源研发和可再生能源生产，包括为资助混合系统而流入发展中国家的国际资金	C070a01
7.b　到 2030 年，增建基础设施并进行技术升级，以便根据发展中国家，特别是最不发达国家、小岛屿发展中国家和内陆发展中国家各自的支持方案，为所有人提供可持续的现代能源服务	7.b.1　为提高能源效率而进行的投资与国内生产总值的比例以及为促进可持续发展服务的基础设施和技术进行的外国直接投资资金转移的数量	C070b01
目标 8. 促进持久、包容和可持续经济增长，促进充分的生产性就业和人人获得体面工作		
8.1　根据各国国情维持人均经济增长，特别是将最不发达国家国内生产总值年增长率至少维持在 7%	8.1.1　实际人均国内生产总值年增长率	C080101
8.2　通过多样化经营、技术升级和创新，包括重点发展高附加值和劳动密集型行业，实现更高水平的经济生产力	8.2.1　就业人员实际人均国内生产总值年增长率	C080201
8.3　推行以发展为导向的政策，支持生产性活动、体面就业、创业精神、创造力和创新；鼓励微型和中小型企业通过获取金融服务等方式实现正规化并成长壮大	8.3.1　按性别分列，非正规就业在非农业就业机会中的比例	C080301
8.4　到 2030 年，逐步改善全球消费和生产的资源使用效率，按照《可持续消费和生产模式方案十年框架》，努力使经济增长和环境退化脱钩，发达国家应在上述工作中做出表率	8.4.1　物质足迹、人均物质足迹和单位国内生产总值的物质足迹	C200202
	8.4.2　国内物质消费、人均国内物质消费和单位国内生产总值的国内物质消费	C200203

目标和具体目标	指标	指标编码
8.5 到 2030 年，所有男女，包括青年和残疾人实现充分和生产性就业，有体面工作，并做到同工同酬	8.5.1 男女雇员平均每小时收入，按职业、年龄和残疾人分列	C080501
	8.5.2 失业率，按性别、年龄和残疾人分列	C080502
8.6 到 2020 年，大幅减少未就业和未受教育或培训的青年人比例	8.6.1 青年（15～24 岁）中未在受教育、未参加就业或培训的人数比例	C080601
8.7 立即采取有效措施，根除强制劳动、现代奴隶制和贩卖人口，禁止和消除最恶劣形式的使用童工，包括招募和利用童兵，到 2025 年终止一切形式的使用童工	8.7.1 5～17 岁儿童中从事童工劳动的比例和人数，按性别和年龄分列	C080701
8.8 保护劳工权利，推动为所有工人，包括移民工人，特别是女性移民和没有稳定工作的人创造安全和有保障的工作环境	8.8.1 致命和非致命工伤事故频率，按性别和移民身份分列	C080801
	8.8.2 国家遵守基于国际劳工组织（劳工组织）文本来源和国家法律的劳工权利（结社自由和集体谈判）的程度，按性别和移民身份分列	C080802
8.9 到 2030 年，制定和执行推广可持续旅游的政策，以创造就业机会，促进地方文化和产品	8.9.1 直接来自旅游业的国内生产总值占国内生产总值的比例和增长率	C080901
	8.9.2 可持续旅游业工作岗位在旅游业工作岗位总数中所占比例	C080902

目标和具体目标	指标	指标编码
8.10 加强国内金融机构的能力，鼓励并扩大全民获得银行、保险和金融服务的机会	8.10.1 （a）每10万成年人可使用的商业银行分支机构数目和（b）每10万成年人可使用的自动取款机数目	C081001
	8.10.2 在银行或其他金融机构或与移动货币服务商开立了账户的成年人（15岁及以上）所占比例	C081002
8.a 增加向发展中国家，特别是最不发达国家提供的促贸援助支持，包括通过《为最不发达国家提供贸易技术援助的强化综合框架》提供上述支持	8.a.1 《促贸援助倡议》承付款和支付的款项	C080a01
8.b 到2020年，拟定和实施青年就业全球战略，并执行国际劳工组织的《全球就业契约》	8.b.1 有已制订并在运行的青年就业战略，作为一个单独的战略或作为国家就业战略的一部分	C080b01
目标9. 建造具备抵御灾害能力的基础设施，促进具有包容性的可持续工业化，推动创新		
9.1 发展优质、可靠、可持续和有抵御灾害能力的基础设施，包括区域和跨境基础设施，以支持经济发展和提升人类福祉，重点是人人可负担得起并公平利用上述基础设施	9.1.1 居住在四季通行的道路两千米之内的农村人口所占比例	C090101
	9.1.2 客运和货运量，按运输方式分列	C090102
9.2 促进包容可持续工业化，到2030年，根据各国国情，大幅提高工业在就业和国内生产总值中的比例，使最不发达国家的这一比例翻番	9.2.1 制造业附加值占国内生产总值的比例和人均值	C090201
	9.2.2 制造业的就业占总就业的比例	C090202
9.3 增加小型工业和其他企业，特别是发展中国家的这些企业获得金融服务、包括负担得起的信贷的机会，将上述企业纳入价值链和市场	9.3.1 小型工业在工业总附加值中的比例	C090301
	9.3.2 小型工业中获得贷款或信贷额度的比例	C090302

目标和具体目标	指标	指标编码
9.4　到 2030 年，所有国家根据自身能力采取行动，升级基础设施，改进工业以提升其可持续性，提高资源使用效率，更多采用清洁和环保技术及产业流程	9.4.1　每单位附加值的二氧化碳排放量	C090401
9.5　在所有国家，特别是发展中国家，加强科学研究，提升工业部门的技术能力，包括到 2030 年，鼓励创新，大幅增加每 100 万人口中的研发人员数量，并增加公共和私人研发支出	9.5.1　研究和开发支出占国内生产总值的比例	C090501
	9.5.2　每百万居民中的研究员（全时当量）人数	C090502
9.a　向非洲国家、最不发达国家、内陆发展中国家和小岛屿发展中国家提供更多的财政、技术和技能支持，以促进其开发有抵御灾害能力的可持续基础设施	9.a.1　用于基础设施的国际官方援助（官方发展援助和其他官方资金流）总额	C090a01
9.b　支持发展中国家的国内技术开发、研究与创新，包括提供有利的政策环境，以实现工业多样化，增加商品附加值	9.b.1　中高科技产业附加值在总附加值中的比例	C090b01
9.c　大幅提升信息和通信技术的普及度，力争到 2020 年在最不发达国家以低廉的价格普遍提供因特网服务	9.c.1　移动网络所覆盖的人口比例，按技术种类分列	C090c01
目标 10. 减少国家内部和国家之间的不平等		
10.1　到 2030 年，逐步实现和维持最底层 40% 人口的收入增长，并确保其增长率高于全国平均水平	10.1.1　最底层 40% 人口和总人口的家庭支出或人均收入增长率	C100101
10.2　到 2030 年，增强所有人的权能，促进他们融入社会、经济和政治生活，而不论其年龄、性别、残疾与否、种族、民族、出身、宗教信仰、经济地位或其他任何区别	10.2.1　收入低于收入中位数 50% 的人口所占比例，按性别、年龄和残疾人分列	C100201

目标和具体目标	指标	指标编码
10.3　确保机会均等，减少结果不平等现象，包括取消歧视性法律、政策和做法，推动与上述努力相关的适当立法、政策和行动	10.3.1　报告说在过去 12 个月内亲身感到因国际人权法所禁止的歧视理由而受到歧视或骚扰的人口比例	C200204
10.4　采取政策，特别是财政、薪资和社会保障政策，逐步实现更大的平等	10.4.1　劳动力占国内生产总值的份额，包括工资和社会保障转移	C100401
10.5　改善对全球金融市场和金融机构的监管和监测，并加强上述监管措施的执行	10.5.1　金融健全性指标	C100501
10.6　确保发展中国家在国际经济和金融机构决策过程中有更大的代表性和发言权，以建立更加有效、可信、负责和合法的机构	10.6.1　发展中国家在国际组织中的成员和表决权的比例	C200205
10.7　促进有序、安全、正常和负责的移民和人口流动，包括执行合理规划和管理完善的移民政策	10.7.1　由雇员承担的招聘费用占其在目的地国年收入的比例	C100701
	10.7.2　移民政策管理完善的国家的数量	C100702
10.a　根据世界贸易组织的各项协议，落实对发展中国家、特别是最不发达国家的特殊和差别待遇原则	10.a.1　从零关税的最不发达国家和发展中国家进口商品所适用的关税细目比例	C100a01
10.b　鼓励根据最需要帮助的国家，特别是最不发达国家、非洲国家、小岛屿发展中国家和内陆发展中国家的国家计划和方案，向其提供官方发展援助和资金，包括外国直接投资	10.b.1　按受援国和捐助国及资源流动类型（如官方发展援助、外国直接投资和其他流动）分列的促进发展资源流动总额	C100b01
10.c　到 2030 年，将移民汇款手续费减至 3% 以下，取消费用高于 5% 的侨汇渠道	10.c.1　汇款费用占汇款额的比例	C100c01

目标和具体目标	指标	指标编码
目标 11. 建设包容、安全、有抵御灾害能力和可持续的城市和人类住区		
11.1 到 2030 年，确保人人获得适当、安全和负担得起的住房和基本服务，并改造贫民窟	11.1.1 居住在贫民窟和非正规住区内或者住房不足的城市人口比例	C110101
11.2 到 2030 年，向所有人提供安全、负担得起的、易于利用、可持续的交通运输系统，改善道路安全，特别是扩大公共交通，要特别关注处境脆弱者、妇女、儿童、残疾人和老年人的需要	11.2.1 可便利使用公共交通的人口比例，按年龄、性别和残疾人分列	C110201
11.3 到 2030 年，在所有国家加强包容和可持续的城市建设，加强参与性、综合性、可持续的人类住区规划和管理能力	11.3.1 土地使用率与人口增长率之间的比率	C110301
	11.3.2 已设立以民主方式定期运作的、民间社会直接参与城市规划和管理架构的城市所占百分比	C110302
11.4 进一步努力保护和捍卫世界文化和自然遗产	11.4.1 保存、保护和养护所有文化和自然遗产的人均支出总额（公共和私人），按遗产类型（文化、自然、混合、世界遗产中心指定）、政府级别（国家、区域和地方/市）、支出类型（业务支出/投资）和私人供资类型（实物捐赠、私人非营利部门、赞助）分列	C110401
11.5 到 2030 年，大幅减少包括水灾在内的各种灾害造成的死亡人数和受灾人数，大幅减少上述灾害造成的与全球国内生产总值有关的直接经济损失，重点保护穷人和处境脆弱群体	11.5.1 每 10 万人当中因灾害死亡、失踪和直接受影响的人数	C200303
	11.5.2 灾害造成的直接经济损失（与全球国内生产总值相比）、重要基础设施的损坏和基本服务的中断次数	C110502

目标和具体目标	指标	指标编码
11.6　到 2030 年，减少城市的人均负面环境影响，包括特别关注空气质量，以及城市废物管理等	11.6.1　定期收集并得到适当最终排放的城市固体废物占城市固体废物总量的比例，按城市分列	C110601
	11.6.2　城市颗粒物（例如 $PM_{2.5}$ 和 PM_{10}）年度均值（按人口权重计算）	C110602
11.7　到 2030 年，向所有人，特别是妇女、儿童、老年人和残疾人，普遍提供安全、包容、便利、绿色的公共空间	11.7.1　城市建设区中供所有人使用的开放公共空间的平均比例，按性别、年龄和残疾人分列	C110701
	11.7.2　过去 12 个月中遭受身体骚扰或性骚扰的受害人比例，按性别、年龄和残疾情况及发生地点分列	C110702
11.a　通过加强国家和区域发展规划，支持在城市、近郊和农村地区之间建立积极的经济、社会和环境联系	11.a.1　执行人口预测和资源需求一体化的城市和区域发展计划的城市的比例，按城市规模分列	C110a01
11.b　到 2020 年，大幅增加采取和实施综合政策和计划以构建包容、资源使用效率高、减缓和适应气候变化、具有抵御灾害能力的城市和人类住区数量，并根据《2015—2030 年仙台减少灾害风险框架》在各级建立和实施全面的灾害风险管理	11.b.1　依照《2015—2030 年仙台减少灾害风险框架》通过和执行国家减少灾害风险战略的国家数目	C200304
	11.b.2　依照国家减少灾害风险战略通过和执行地方减少灾害风险战略的地方政府比例	C200305
11.c　通过财政和技术援助等方式，支持最不发达国家就地取材，建造可持续的，有抵御灾害能力的建筑	11.c.1　支持最不发达国家就地取材建造和翻新可持续、抗灾和资源节约型建筑的财政资助的比例	C110c01
目标 12. 确保采用可持续的消费和生产模式		
12.1　各国在照顾发展中国家发展水平和能力的基础上，落实《可持续消费和生产模式十年方案框架》，发达国家在此方面要做出表率	12.1.1　已制订可持续消费和生产国家行动计划或已将可持续消费和生产作为优先事项或目标纳入国家政策主流的国家数目	C120101

目标和具体目标	指标	指标编码
12.2　到 2030 年，实现自然资源的可持续管理和高效利用	12.2.1　物质足迹、人均物质足迹和单位国内生产总值的物质足迹	C200202
	12.2.2　国内物质消费、人均国内物质消费和单位国内生产总值的国内物质消费	C200203
12.3　到 2030 年，将零售和消费环节的全球人均粮食浪费减半，减少生产和供应环节的粮食损失，包括收获后的损失	12.3.1　全球粮食损耗指数	C120301
12.4　到 2020 年，根据商定的国际框架，实现化学品和所有废物在整个存在周期的无害环境管理，并大幅减少它们排入大气以及渗漏到水和土壤的概率，尽可能降低它们对人类健康和环境造成的负面影响	12.4.1　关于危险物质和其他化学品及废物的国际多边环境协定的缔约方中按照每个相关协定的要求履行了信息转递承诺和义务的缔约方数目	C120401
	12.4.2　有害废物人均生成量和处理的有害废物的比例，按处理类型分列	C120402
12.5　到 2030 年，通过预防、减排、回收和再利用，大幅减少废物的产生	12.5.1　国家回收利用率、物资回收吨数	C120501
12.6　鼓励各个公司，特别是大公司和跨国公司，采用可持续的做法，并将可持续性信息纳入各自报告周期	12.6.1　发布可持续性报告的公司数量	C120601
12.7　根据国家政策和优先事项，推行可持续的公共采购做法	12.7.1　实施可持续公共采购政策和行动计划的国家数目	C120701
12.8　到 2030 年，确保各国人民都能获取关于可持续发展以及与自然和谐的生活方式的信息并具有上述意识	12.8.1　全球公民教育和可持续发展教育（包括气候变化教育）在多大程度上在国家教育政策、课程、教师培训、学生评估方面进入主流	C120801
12.a　支持发展中国家加强科学和技术能力，采用更可持续的生产和消费模式	12.a.1　对发展中国家在可持续消费和生产和无害环境技术的研究与发展的资助量	C120a01

目标和具体目标	指标	指标编码
12.b 开发和利用各种工具，监测能创造就业机会、促进地方文化和产品的可持续旅游业对促进可持续发展产生的影响	12.b.1 可持续旅游战略或政策的数目和利用商定监测和评价工具所实施行动计划的数目	C120b01
12.c 对鼓励浪费性消费的低效化石燃料补贴进行合理化调整，为此，应根据各国国情消除市场扭曲，包括调整税收结构，逐步取消有害补贴以反映其环境影响，同时充分考虑发展中国家的特殊需求和情况，尽可能减少对其发展可能产生的不利影响并注意保护穷人和受影响社区	12.c.1 每单位国内总产值（生产和消费）的化石燃料补贴数额及其在国家化石燃料总支出中的占比	C120c01
目标 13. 采取紧急行动应对气候变化及其影响①		
13.1 加强各国抵御和适应气候相关的灾害和自然灾害的能力	13.1.1 每 10 万人当中因灾害死亡、失踪和直接受影响的人数	C200303
	13.1.2 依照《2015—2030 年仙台减少灾害风险框架》通过和执行国家减少灾害风险战略的国家数目	C200304
	13.1.3 依照国家减少灾害风险战略通过和执行地方减少灾害风险战略的地方政府比例	C200305
13.2 将应对气候变化的举措纳入国家政策、战略和规划	13.2.1 通报已经建立或运作综合政策/战略/计划的国家数目，目的是增强其适应气候变化的不利影响，并促进气候抗御能力和温室气体低排放发展，以不威胁到粮食生产（包括国家适应计划、国家确定的贡献、国家信息通报、两年期更新报告等）	C130201

① 确认《联合国气候变化框架公约》是谈判气候变化全球对策的主要政府间国际论坛。

目标和具体目标	指标	指标编码
13.3 加强气候变化减缓、适应、减少影响和早期预警等方面的教育和宣传，加强人员和机构在此方面的能力	13.3.1 已将减缓、适应、减少影响和预警内容纳入小学、中学和大学课程的国家数目	C130301
	13.3.2 已经通报为执行适应、缓解、技术转让和发展行动而加强了机构、系统和个人能力建设的国家数目	C130302
13.a 发达国家履行在《联合国气候变化框架公约》下的承诺，即到 2020 年每年从各种渠道共同筹资 1 000 亿美元，满足发展中国家的需求，帮助其切实开展减缓行动，提高履约的透明度，并尽快向绿色气候基金注资，使其全面投入运行	13.a.1 在 2020—2025 年为 1 000 亿美元承诺款每年筹集的美元数额	C130a01
13.b 促进在最不发达国家和小岛屿发展中国家建立增强能力的机制，帮助其进行与气候变化有关的有效规划和管理，包括重点关注妇女、青年、地方社区和边缘化社区	13.b.1 得到专门支助以建立增强能力的机制，从而有效进行与气候变化有关的规划和管理，包括重点注意妇女、青年、地方社区和边缘化社区的最不发达国家和小岛屿发展中国家的数目，以及资助总额，包括金融、技术和能力建设的资助	C130b01
目标 14. 保护和可持续利用海洋和海洋资源以促进可持续发展		
14.1 到 2025 年，预防和大幅减少各类海洋污染，特别是陆上活动造成的污染，包括海洋废弃物污染和营养盐污染	14.1.1 富营养化指数和漂浮的塑料污染物浓度	C140101
14.2 到 2020 年，通过加强抵御灾害能力等方式，可持续管理和保护海洋和沿海生态系统，以免产生重大负面影响，并采取行动帮助它们恢复原状，使海洋保持健康，物产丰富	14.2.1 国家级经济特区当中实施基于生态系统管理措施的比例	C140201

目标和具体目标	指标	指标编码
14.3　通过在各层级加强科学合作等方式，减少和应对海洋酸化的影响	14.3.1　在商定的一系列有代表性的采样站测量平均海洋酸度（pH）	C140301
14.4　到2020年，有效规范捕捞活动，终止过度捕捞、非法、未报告和无管制的捕捞活动以及破坏性捕捞做法，执行科学的管理计划，以便在尽可能短的时间内使鱼群量至少恢复到其生态特征允许的能产生最高可持续产量的水平	14.4.1　在生物可持续产量水平范围内的鱼类种群的比例	C140401
14.5　到2020年，根据国内和国际法，并基于现有的最佳科学资料，保护至少10%的沿海和海洋区域	14.5.1　保护区面积占海洋区域的比例	C140501
14.6　到2020年，禁止某些助长过剩产能和过度捕捞的渔业补贴，取消助长非法、未报告和无管制捕捞活动的补贴，避免出台新的这类补贴，同时承认给予发展中国家和最不发达国家合理、有效的特殊和差别待遇应是世界贸易组织渔业补贴谈判的一个不可或缺的组成部分[①]	14.6.1　各国在执行为打击非法、未报告和无管制的捕捞活动的国际文书程度上取得进展	C140601
14.7　到2030年，增加小岛屿发展中国家和最不发达国家通过可持续利用海洋资源获得的经济收益，包括可持续地管理渔业、水产养殖业和旅游业	14.7.1　小岛屿发展中国家、最不发达国家和所有国家的可持续渔业占国内总产值的比例	C140701
14.a　根据政府间海洋学委员会《海洋技术转让标准和准则》，增加科学知识，培养研究能力和转让海洋技术，以便改善海洋的健康，增加海洋生物多样性对发展中国家，特别是小岛屿发展中国家和最不发达国家发展的贡献	14.a.1　对海洋技术领域研究的分配额占研究活动预算总额的比例	C140a01

① 考虑到世界贸易组织正在进行的谈判《多哈发展议程》和中国香港部长级宣言规定的任务。

目标和具体目标	指标	指标编码
14.b 向小规模个体渔民提供获取海洋资源和市场准入机会	14.b.1 各国在通过和执行承认小规模渔业并保护其市场准入权利的法律 / 监管 / 政策 / 制度框架方面取得的进展的程度	C140b01
14.c 按照《我们共同的未来》第 158 段所述，根据《联合国海洋法公约》所规定的保护和可持续利用海洋及其资源的国际法律框架，加强海洋和海洋资源的保护和可持续利用	14.c.1 为养护和可持续利用海洋及其资源，通过法律、政策和体制框架，在批准、接受、执行《联合国海洋法公约》中有关执行海洋国际法的文书方面取得进展的国家数目	C140c01
目标 15. 保护、恢复和促进可持续利用陆地生态系统，可持续管理森林，防治荒漠化，制止和扭转土地退化，遏制生物多样性的丧失		
15.1 到 2020 年，根据国际协议规定的义务，保护、恢复和可持续利用陆地和内陆的淡水生态系统及其服务，特别是森林、湿地、山麓和旱地	15.1.1 森林面积占陆地总面积的比例	C150101
	15.1.2 保护区内陆地和淡水生物多样性的重要场地所占比例，按生态系统类型分列	C150102
15.2 到 2020 年，推动对所有类型森林进行可持续管理，停止毁林，恢复退化的森林，大幅增加全球植树造林和重新造林	15.2.1 实施可持续森林管理的进展	C150201
15.3 到 2030 年，防治荒漠化，恢复退化的土地和土壤，包括受荒漠化、干旱和洪涝影响的土地，努力建立一个不再出现土地退化的世界	15.3.1 已退化土地占土地总面积的比例	C150301
15.4 到 2030 年，保护山地生态系统，包括其生物多样性，以便加强山地生态系统的能力，使其能够带来对可持续发展必不可少的益处	15.4.1 保护区内山区生物多样性的重要场地的覆盖情况	C150401
	15.4.2 山区绿化覆盖指数	C150402

目标和具体目标	指标	指标编码
15.5　采取紧急重大行动来减少自然栖息地的退化，遏制生物多样性的丧失，到2020年，保护受威胁物种，防止其灭绝	15.5.1　红色名录指数	C150501
15.6　根据国际共识，公正和公平地分享利用遗传资源产生的利益，促进适当获取这类资源	15.6.1　已通过立法、行政和政策框架确保公正和公平分享惠益的国家数目	C150601
15.7　采取紧急行动，终止偷猎和贩卖受保护的动植物物种，处理非法野生动植物产品的供求问题	15.7.1　野生生物贸易中偷猎和非法贩运的比例	C200206
15.8　到2020年，采取措施防止引入外来入侵物种并大幅减少其对土地和水域生态系统的影响，控制或消灭其中的重点物种	15.8.1　通过有关国家立法和充分资源防止或控制外来入侵物种的国家的比例	C150801
15.9　到2020年，把生态系统和生物多样性价值观纳入国家和地方规划、发展进程、减贫战略和核算	15.9.1　根据2011—2020年生物多样性战略计划爱知生物多样性目标2确立的国家目标方面的进展	C150901
15.a　从各种渠道动员并大幅增加财政资源，以保护和可持续利用生物多样性和生态系统	15.a.1　在养护和可持续利用生物多样性和生态系统方面的官方发展援助和公共支出	C200207
15.b　从各种渠道大幅动员资源，从各个层级为可持续森林管理提供资金支持，并为发展中国家推进可持续森林管理，包括保护森林和重新造林，提供充足的激励措施	15.b.1　在养护和可持续利用生物多样性和生态系统方面的官方发展援助和公共支出	C200207
15.c　在全球加大支持力度，打击偷猎和贩卖受保护物种，包括增加地方社区实现可持续生计的机会	15.c.1　偷猎和非法贩运在野生生物贸易中的比例	C200206

目标和具体目标	指标	指标编码
目标 16. 创建和平、包容的社会以促进可持续发展，让所有人都能诉诸司法，在各级建立有效、负责和包容的机构		
16.1 在全球大幅减少一切形式的暴力和相关的死亡率	16.1.1 每 10 万人中故意杀人案的受害者人数，按性别和年龄分列	C160101
	16.1.2 每 10 万人中与冲突有关的死亡人数，按性别、年龄和死因分列	C160102
	16.1.3 过去 12 个月内遭受（a）身体暴力；（b）心理暴力；（c）性暴力的人口所占的比例	C160103
	16.1.4 在居住区单独步行感到安全的人口比例	C160104
16.2 制止对儿童进行虐待、剥削、贩卖以及一切形式的暴力和酷刑	16.2.1 过去一个月内受到照顾者施加的任何体罚和/或心理侵害的 1～17 岁儿童比例	C160201
	16.2.2 每 10 万人中人口贩运行为受害者的人数，按性别、年龄和剥削形式分列	C160202
	16.2.3 18 岁之前受到性暴力侵害的 18～29 岁青年男女的比例	C160203
16.3 在国家和国际层面促进法治，确保所有人都有平等诉诸司法的机会	16.3.1 过去 12 个月内向主管当局或其他官方认可的冲突解决机制报告其受害经历的暴力行为受害者所占比例	C160301
	16.3.2 未判刑的被拘留者占监狱服刑总人口的比例	C160302

目标和具体目标	指标	指标编码
16.4 到2030年，大幅减少非法资金和武器流动，加强追赃和被盗资产返还力度，打击一切形式的有组织犯罪	16.4.1 流入和流出的非法资金流量总值（按美元现值计）	C160401
	16.4.2 其非法来源或背景已被主管当局按照国际文书规定追查或确定的已缴获、发现或交出的武器所占比例	C160402
16.5 大幅减少一切形式的腐败和贿赂行为	16.5.1 过去12个月内至少与公职人员接触过一次、向公职人员行贿或被这些公职人员要求行贿的人所占比例	C160501
	16.5.2 过去12个月内至少与公职人员接触过一次、向公职人员行贿或被这些公职人员要求行贿的公司所占比例	C160502
16.6 在各级建立有效、负责和透明的机构	16.6.1 政府基本支出占初始核定预算的比例，按部门（或预算账簿代号或类似分类码）分列	C160601
	16.6.2 对上一次公共服务体验感到满意的人口比例	C160602
16.7 确保各级的决策反应迅速，具有包容性、参与性和代表性	16.7.1 公共机构（国家和地方立法机构、公务制度和司法机构）中的职位（按性别、年龄、残疾者和人口群体分列）相对全国分配数的比例	C160701
	16.7.2 认为决策具有包容性和响应性的人口比例，按性别、年龄、残疾人和人口群体分列	C160702
16.8 扩大和加强发展中国家对全球治理机构的参与	16.8.1 发展中国家在国际组织成员和投票权中的比例	C200205

目标和具体目标	指标	指标编码
16.9　到 2030 年，为所有人提供法律身份，包括出生登记	16.9.1　在民政机构做了出生登记的 5 岁以下儿童的比例，按年龄分列	C160901
16.10　根据国家立法和国际协议，确保公众获得各种信息，保障基本自由	16.10.1　过去 12 个月内记者、相关媒体人员、工会会员和人权倡导者被杀害、绑架、强迫失踪、任意拘留和施以酷刑的经核实案件数目	C161001
	16.10.2　通过和执行宪法、法律和（或）政策以保障公众获取信息的国家数目	C161002
16.a　通过开展国际合作等方式加强相关国家机制，在各层级提高各国尤其是发展中国家的能力建设，以预防暴力，打击恐怖主义和犯罪行为	16.a.1　符合《巴黎原则》的独立的国家人权机构的存在	C160a01
16.b　推动和实施非歧视性法律和政策以促进可持续发展	16.b.1　报告在过去 12 个月内亲身感受到因国际人权法所禁止的歧视理由而受歧视或骚扰人口所占比例	C200204
目标 17. 加强执行手段，重振可持续发展全球伙伴关系		
筹资		
17.1　通过向发展中国家提供国际支持等方式，以改善国内征税和提高财政收入的能力，加强筹集国内资源	17.1.1　政府总收入占国内生产总值的比例，按来源分列	C170101
	17.1.2　由国内税收供资的国内预算比例	C170102
17.2　发达国家全面履行官方发展援助承诺，包括许多发达国家向发展中国家提供占发达国家国民总收入 0.7% 的官方发展援助，以及向最不发达国家提供占比 0.15%~0.2% 援助的承诺；鼓励官方发展援助方设定目标，将占国民总收入至少 0.2% 的官方发展援助提供给最不发达国家	17.2.1　官方发展援助净额、总额和对最不发达国家的官方发展援助额占经济合作及发展组织（经合组织）发展援助委员会捐助国国民总收入的比例	C170201

目标和具体目标	指标	指标编码
17.3 从多渠道筹集额外财政资源用于发展中国家	17.3.1 外国直接投资、官方发展援助和南南合作占国内预算总额的比例	C170301
	17.3.2 汇款数额（美元）占国内生产总值总额的比例	C170302
17.4 通过政策协调，酌情推动债务融资、债务减免和债务重组，以帮助发展中国家实现长期债务可持续性，处理重债穷国的外债问题以减轻其债务压力	17.4.1 还本付息额占货物和服务出口额的比例	C170401
17.5 采用和实施对最不发达国家的投资促进制度	17.5.1 通过和实施对最不发达国家的投资促进制度的国家数量	C170501
技术		
17.6 加强在科学、技术和创新领域的南北、南南、三方区域合作和国际合作，加强获取渠道，加强按相互商定的条件共享知识，包括加强现有机制间的协调，特别是在联合国层面加强协调，以及通过一个全球技术促进机制加强协调	17.6.1 国家间科学和（或）技术合作协定和方案数目，按合作类型分列	C170601
	17.6.2 每 100 名居民固定因特网宽带用户数，按速度分列	C170602
17.7 以优惠条件，包括彼此商定的减让和特惠条件，促进发展中国家开发以及向其转让、传播和推广环境友好型的技术	17.7.1 为促进开发、转让、传播和推广无害环境技术向发展中国家提供的核定供资总额	C170701
17.8 促成最不发达国家的技术库和科学、技术和创新能力建设机制到 2017 年全面投入运行，加强促成科技特别是信息和通信技术的使用	17.8.1 使用因特网的人口比例	C170801
能力建设		
17.9 加强国际社会对在发展中国家开展高效的、有针对性的能力建设活动的支持力度，以支持各国落实各项可持续发展目标的国家计划，包括通过开展南北合作、南南合作和三方合作	17.9.1 承诺向发展中国家提供的以美元计值的财政和技术援助（包括通过南北合作、南南合作和三角合作）	C170901
贸易		

目标和具体目标	指标	指标编码
17.10　通过完成多哈发展回合谈判等方式，推动在世界贸易组织下建立一个普遍、以规则为基础、开放、非歧视和公平的多边贸易体系	17.10.1　全球加权平均关税	C171001
17.11　大幅增加发展中国家的出口，尤其是到 2020 年使最不发达国家在全球出口中的比例翻番	17.11.1　发展中国家和最不发达国家在全球出口中所占份额	C171101
17.12　按照世界贸易组织的各项决定，及时实现所有最不发达国家的产品永久免关税和免配额进入市场，包括确保对从最不发达国家进口产品的原产地优惠规则是简单、透明和有利于市场准入的	17.12.1　发展中国家、最不发达国家和小岛屿发展中国承受的平均关税	C171201
系统性问题		
政策和机制的一致性		
17.13　加强全球宏观经济稳定，包括为此加强政策协调和政策一致性	17.13.1　宏观经济信息汇总	C171301
17.14　加强可持续发展政策的一致性	17.14.1　制定有可持续发展协调政策机制的国家数目	C171401
17.15　尊重每个国家制定和执行消除贫困和可持续发展政策的政策空间和领导作用	17.15.1　按发展合作提供者分列的国家所有成果框架和规划工具的利用程度	C171501
多利益攸关方伙伴关系		
17.16　加强全球可持续发展伙伴关系，以多利益攸关方伙伴关系作为补充，调动和分享知识、专长、技术和财政资源，以支持所有国家、尤其是发展中国家实现可持续发展目标	17.16.1　为协助实现可持续发展目标在多利益攸关方发展成效监测框架内提出进展报告的国家数目	C171601

目标和具体目标	指标	指标编码
17.17　借鉴伙伴关系的经验和筹资战略，鼓励和推动建立有效的公共、公私和民间社会伙伴关系	17.17.1　为建立（a）公私伙伴关系和（b）民间社会伙伴关系承付的美元数额	C171701
数据、监测和问责		
17.18　到 2020 年，加强向发展中国家，包括最不发达国家和小岛屿发展中国家提供的能力建设支持，大幅增加获得按收入、性别、年龄、种族、民族、移徙情况、残疾情况、地理位置和各国国情有关的其他特征分类的高质量、及时和可靠的数据	17.18.1　按照官方统计基本原则在国家一级编制的就有关目标做了全面分列的可持续发展指标的比例	C171801
	17.18.2　遵循官方统计基本原则制定了国家统计立法的国家数目	C171802
	17.18.3　国家统计计划有充分资金且正在执行的国家数目，按资金来源分列	C171803
17.19　到 2030 年，借鉴现有各项倡议，制定衡量可持续发展进展的计量方法，作为对国内生产总值的补充，协助发展中国家加强统计能力建设	17.19.1　为加强发展中国家的统计能力而提供的以美元计值的各种资源	C171901
	17.19.2（a）在过去十年中至少进行了一次人口和住房普查；（b）已经实现 100% 的出生登记和 80% 的死亡登记的国家比例	C171902

资料来源：摘自 2030 年可持续发展议程，联合国可持续发展目标官方网站，https://unstats.un.org/sdgs/indicators/indicators-list/。

附录 2　可持续发展目标指数和指示板国家排名（2016—2018 年）

可持续发展目标指数和指示板国家排名（2016 年）

排名	国家	得分
1	瑞典	84.5
2	丹麦	83.9
3	挪威	82.3
4	芬兰	81
5	瑞士	80.9
6	德国	80.5
7	奥地利	79.1
8	荷兰	78.9
9	冰岛	78.4
10	英国	78.1
11	法国	77.9
12	比利时	77.4
13	加拿大	76.8
14	爱尔兰	76.7
15	捷克	76.7
16	卢森堡	76.7
17	斯洛文尼亚	76.6
18	日本	75
19	新加坡	74.6
20	澳大利亚	74.5

排名	国家	得分
21	爱沙尼亚	74.5
22	新西兰	74
23	白俄罗斯	73.5
24	匈牙利	73.4
25	美国	72.7
26	斯洛伐克	72.7
27	韩国	72.7
28	拉脱维亚	72.5
29	以色列	72.3
30	西班牙	72.2
31	立陶宛	72.1
32	马耳他	72
33	保加利亚	71.8
34	葡萄牙	71.5
35	意大利	70.9
36	克罗地亚	70.7
37	希腊	69.9
38	波兰	69.8
39	塞尔维亚	68.3
40	乌拉圭	68
41	罗马尼亚	67.5
42	智利	67.2
43	阿根廷	66.8
44	摩尔多瓦	66.6
45	塞浦路斯	66.5
46	乌克兰	66.4
47	俄罗斯	66.4

排名	国家	得分
48	土耳其	66.1
49	卡塔尔	65.8
50	亚美尼亚	65.4
51	突尼斯	65.1
52	巴西	64.4
53	哥斯达黎加	64.2
54	哈萨克斯坦	63.9
55	阿联酋	63.6
56	墨西哥	63.4
57	格鲁吉亚	63.3
58	马其顿	62.8
59	约旦	62.7
60	黑山	62.5
61	泰国	62.2
62	委内瑞拉	61.8
63	马来西亚	61.7
64	摩洛哥	61.6
65	阿塞拜疆	61.3
66	埃及	60.9
67	吉尔吉斯斯坦	60.9
68	阿尔巴尼亚	60.8
69	毛里求斯	60.7
70	巴拿马	60.7
71	厄瓜多尔	60.7
72	塔吉克斯坦	60.2
73	波黑	59.9
74	阿曼	59.9

排名	国家	得分
75	巴拉圭	59.3
76	中国	59.1
77	牙买加	59.1
78	特立尼达和多巴哥	59.1
79	伊朗	58.5
80	博茨瓦纳	58.4
81	秘鲁	58.4
82	不丹	58.2
83	阿尔及利亚	58.1
84	蒙古	58.1
85	沙特阿拉伯	58
86	黎巴嫩	58
87	苏里南	58
88	越南	57.6
89	玻利维亚	57.5
90	尼加拉瓜	57.4
91	哥伦比亚	57.2
92	多米尼加	57.1
93	加蓬	56.2
94	萨尔瓦多	55.6
95	菲律宾	55.5
96	佛得角	55.5
97	斯里兰卡	54.8
98	印度尼西亚	54.4
99	南非	53.8
100	科威特	52.5
101	圭亚那	52.4

排名	国家	得分
102	洪图拉斯	51.8
103	尼泊尔	51.5
104	加纳	51.4
105	伊拉克	50.9
106	危地马拉	50
107	老挝	49.9
108	纳米比亚	49.9
109	津巴布韦	48.6
110	印度	48.4
111	刚果共和国	47.2
112	喀麦隆	46.3
113	莱索托	45.9
114	塞内加尔	45.8
115	巴基斯坦	45.7
116	斯威士兰	45.1
117	缅甸	44.5
118	孟加拉国	44.4
119	柬埔寨	44.4
120	肯尼亚	44
121	安哥拉	44
122	卢旺达	44
123	乌干达	43.6
124	科特迪瓦	43.5
125	埃塞俄比亚	43.1
126	坦桑尼亚	43
127	苏丹	42.2
128	布隆迪	42

排名	国家	得分
129	多哥	40.9
130	贝宁	40
131	马拉维	39.8
132	毛利塔利亚	39.6
133	莫桑比克	39.5
134	赞比亚	38.4
135	马里	38.2
136	冈比亚	37.8
137	也门	37.3
138	塞拉利昂	36.9
139	阿富汗	36.5
140	马达加斯加	36.2
141	尼日利亚	36.1
142	几内亚	35.9
143	布基纳法索	35.6
144	海地	34.4
145	乍得	31.8
146	尼日尔	31.4
147	刚果民主共和国	31.3
148	利比里亚	30.5
149	中非共和国	26.1

资料来源：2016 年 SDSN《可持续发展目标指数和指示板全球报告》。

可持续发展目标指数与指示板国家排名（2017 年）

排名	国家	得分
1	瑞典	85.6
2	丹麦	84.2
3	芬兰	84
4	挪威	83.9
5	捷克共和国	81.9
6	德国	81.7
7	奥地利	81.4
8	瑞士	81.2
9	斯洛文尼亚	80.5
10	法国	80.3
11	日本	80.2
12	比利时	80
13	荷兰	79.9
14	冰岛	79.3
15	爱沙尼亚	78.6
16	英国	78.3
17	加拿大	78
18	匈牙利	78
19	爱尔兰	77.9
20	新西兰	77.6
21	白俄罗斯	77.1
22	马耳他	77
23	斯洛伐克共和国	76.9
24	克罗地亚	76.9
25	西班牙	76.8
26	澳大利亚	75.9

排名	国家	得分
27	波兰	75.8
28	葡萄牙	75.6
29	古巴	75.5
30	意大利	75.5
31	韩国	75.5
32	拉脱维亚	75.2
33	卢森堡	75
34	摩尔多瓦	74.2
35	罗马尼亚	74.1
36	立陶宛	73.6
37	塞尔维亚	73.6
38	希腊	72.9
39	乌克兰	72.7
40	保加利亚	72.5
41	阿根廷	72.5
42	美国	72.4
43	亚美尼亚	71.7
44	智利	71.6
45	乌兹别克斯坦	71.2
46	哈萨克斯坦	71.1
47	乌拉圭	71
48	阿塞拜疆	70.8
49	吉尔吉斯共和国	70.7
50	塞浦路斯	70.6
51	苏里南	70.4
52	以色列	70.1
53	哥斯达黎加	69.8

排名	国家	得分
54	马来西亚	69.7
55	泰国	69.5
56	巴西	69.5
57	马其顿	69.4
58	墨西哥	69.1
59	特立尼达和多巴哥	69.1
60	厄瓜多尔	69
61	新加坡	69
62	俄罗斯联邦	68.9
63	阿尔巴尼亚	68.9
64	阿尔及利亚	68.8
65	突尼斯	68.7
66	格鲁吉亚	68.6
67	土耳其	68.5
68	越南	67.9
69	黑山	67.3
70	多明尼加共和国	67.2
71	中国	67.1
72	塔吉克斯坦	66.8
73	摩洛哥	66.7
74	牙买加	66.6
75	巴拉圭	66.1
76	伯利兹	66
77	阿拉伯联合酋长国	66
78	巴巴多斯	66
79	秘鲁	66
80	约旦	66

排名	国家	得分
81	斯里兰卡	65.9
82	委内瑞拉	65.8
83	不丹	65.5
84	波斯尼亚和黑塞哥维那	65.5
85	加蓬	65.1
86	黎巴嫩	64.9
87	埃及	64.9
88	哥伦比亚	64.8
89	伊朗	64.7
90	玻利维亚	64.7
91	圭亚那	64.7
92	巴林	64.6
93	菲律宾	64.3
94	阿曼	64.3
95	蒙古	64.2
96	巴拿马	63.9
97	尼加拉瓜	63.1
98	卡塔尔	63.1
99	萨尔瓦多	62.9
100	印度尼西亚	62.9
101	沙特阿拉伯	62.7
102	科威特	62.4
103	毛里求斯	62.1
104	洪都拉斯	61.7
105	尼泊尔	61.6
106	东帝汶	61.5
107	老挝	61.4
108	南非	61.2

排名	国家	得分
109	加纳	59.9
110	缅甸	59.5
111	纳米比亚	59.3
112	危地马拉	58.3
113	博茨瓦纳	58.3
114	柬埔寨	58.2
115	叙利亚	58.1
116	印度	58.1
117	土库曼斯坦	56.7
118	伊拉克	56.6
119	塞内加尔	56.2
120	孟加拉国	56.2
121	津巴布韦	56.1
122	巴基斯坦	55.6
123	卢旺达	55
124	斯威士兰	55
125	肯尼亚	54.9
126	埃塞俄比亚	53.5
127	科特迪瓦	53.3
128	莱索托	53
129	乌干达	52.9
130	喀麦隆	52.8
131	坦桑尼亚	52.1
132	布隆迪	51.8
133	毛里塔尼亚	51.1
134	赞比亚	51.1
135	刚果共和国	50.9
136	安哥拉	50.2

排名	国家	得分
137	多哥	50.2
138	布基纳法索	49.9
139	苏丹	49.9
140	也门	49.8
141	吉布提	49.6
142	贝宁	49.5
143	莫桑比克	49.2
144	几内亚	48.8
145	尼日利亚	48.6
146	马里	48.5
147	马拉维	48
148	冈比亚	47.8
149	塞拉利昂	47.1
150	阿富汗	46.8
151	尼日尔	44.8
152	海地	44.1
153	马达加斯加	43.5
154	利比里亚	42.8
155	刚果民主共和国	42.7
156	乍得	41.5
157	中非共和国	36.7

资料来源：2017 年 SDSN《可持续发展目标指数和指示板全球报告》。

可持续发展目标指数与指示板国家排名（2018 年）

排名	国家	得分
1	瑞典	85
2	丹麦	84.6
3	芬兰	83
4	德国	82.3
5	法国	81.2
6	挪威	81.2
7	瑞士	80.1
8	斯洛文尼亚	80
9	奥地利	80
10	冰岛	79.7
11	荷兰	79.5
12	比利时	79
13	捷克共和国	78.7
14	英国	78.7
15	日本	78.5
16	爱沙尼亚	78.3
17	新西兰	77.9
18	爱尔兰	78
19	韩国	77.5
20	加拿大	76.8
21	克罗地亚	76.5
22	卢森堡	76.1
23	白俄罗斯	76
24	斯洛伐克共和国	75.6
25	西班牙	75.4
26	匈牙利	75

排名	国家	得分
27	拉脱维亚	74.7
28	摩尔多瓦	74.5
29	意大利	74.2
30	马耳他	74.2
31	葡萄牙	74
32	波兰	73.7
33	哥斯达黎加	73.2
34	保加利亚	73.2
35	美国	73
36	立陶宛	72.9
37	澳大利亚	72.9
38	智利	72.8
39	乌克兰	72.3
40	塞尔维亚	72.1
41	以色列	71.8
42	古巴	71.3
43	新加坡	71.7
44	罗马尼亚	71.2
45	阿塞拜疆	70.8
46	厄瓜多尔	70.8
47	格鲁吉亚	70.7
48	希腊	70.6
49	乌拉圭	70.4
50	塞浦路斯	70.4
51	吉尔吉斯共和国	70.3
52	乌兹别克斯坦	70.3
53	阿根廷	70.3

排名	国家	得分
54	中国	70.1
55	马来西亚	70
56	巴西	69.7
57	越南	69.7
58	亚美尼亚	69.3
59	泰国	69.2
60	阿拉伯联合酋长国	69.2
61	马其顿	69
62	阿尔巴尼亚	68.9
63	俄罗斯联邦	68.9
64	秘鲁	68.4
65	哈萨克	68.1
66	玻利维亚	68.1
67	苏里南	68
68	阿尔及利亚	67.9
69	黑山	67.6
70	特立尼达和多巴哥	67.5
71	波斯尼亚和黑塞哥维那	67.3
72	巴拉圭	67.2
73	塔吉克斯坦	67.2
74	哥伦比亚	66.6
75	多米尼加共和国	66.4
76	尼加拉瓜	66.4
77	摩洛哥	66.3
78	突尼斯	66.2
79	土耳其	66
80	巴林	65.9

排名	国家	得分
81	牙买加	65.9
82	伊朗	65.5
83	不丹	65.4
84	墨西哥	65.2
85	菲律宾	65
86	巴拿马	64.9
87	黎巴嫩	64.8
88	佛得角	64.7
89	斯里兰卡	64.6
90	毛里求斯	64.5
91	约旦	64.4
92	萨尔瓦多	64.1
93	委内瑞拉	64
94	阿曼	63.9
95	蒙古	63.9
96	洪都拉斯	63.6
97	埃及	63.5
98	沙特阿拉伯	62.9
99	印度尼西亚	62.8
100	加蓬	62.8
101	加纳	62.8
102	尼泊尔	62.8
103	伯利兹	62.3
104	圭亚那	61.9
105	科威特	61.1
106	卡塔尔	60.8
107	南非	60.8

排名	国家	得分
108	老挝	60.6
109	柬埔寨	60.4
110	土库曼斯坦	59.5
111	孟加拉国	59.3
112	印度	59.1
113	缅甸	59
114	纳米比亚	58.9
115	津巴布韦	58.8
116	博茨瓦纳	58.5
117	危地马拉	58.2
118	塞内加尔	57.2
119	肯尼亚	56.8
120	卢旺达	56.1
121	喀麦隆	55.8
122	科特迪瓦	55.2
123	坦桑尼亚	55.1
124	叙利亚	55
125	乌干达	54.9
126	巴基斯坦	54.9
127	伊拉克	53.7
128	埃塞俄比亚	53.2
129	赞比亚	53.1
130	刚果	52.4
131	几内亚	52.1
132	多哥	52
133	冈比亚	51.6
134	毛里塔尼亚	51.6

排名	国家	得分
135	莱索托	51.5
136	布基纳法索	50.9
137	斯瓦蒂尼（旧名斯威士兰）	50.7
138	莫桑比克	50.7
139	吉布提	50.6
140	马拉维	50
141	布隆迪	49.8
142	马里	49.7
143	苏丹	49.6
144	安哥拉	49.6
145	海地	49.2
146	塞拉利昂	49.1
147	贝宁	49
148	尼日尔	48.5
149	利比里亚	48.3
150	尼日利亚	47.5
151	阿富汗	46.2
152	也门民主共和国	45.7
153	马达加斯加	45.6
154	刚果民主共和国	43.4
155	乍得	42.8
156	中非共和国	37.7

资料来源：2018 年 SDSN《可持续发展目标指数和指示板全球报告》。

参考文献

Asia Development Bank，2012. Assessment of Public–Private Partnerships（PPP）in Cambodia：Constraints and Opportunities［J］. ADB Reports.

Barnett M，Duvall R.，2004. Power in Global Governance［M］. Cambridge：Cambridge University Press.

Bradford J，2005. Southeast Asian Maritime Security in the age of Terror：Threats，Opportunity，and Charting the Course Forward［M］. Singapore：IDSS.

Brownell R L，2017. Dams threaten rare Mekong dolphins［J］. Science. 355（6327）：805-805.

Central Statistical Organization of Myanmar，UNDP，2017. Measuring Myanmar's starting point for the Sustainable Development Goals：SDG Indicator Baseline Report［R/OL］.［2017-10-29］（2021-01-01）. http://www.mm.undp.org/content/myanmar/en/home/library/SDGs/Measuring_Myanmar_Starting_Point_for_the_SDGs.html.

Chalk P，2002. Threats to the Maritime Environments：Piracy and Terrorism［M］. Washington DC：RAND.

De Jonge. Alice，2017. A Perspectives on the emerging role of the Asian Infrastructure Investment Bank［J］. International Affairs，93（5）：1061-1084.

Dupar M，Badenoch N，2002. Environment，Livelihoods and Local Institutions：Decentralization in Southeast Asia［M］. Washington，DC：World Resources Institute.

Hewson Martin，Timothy Sinclair，1999. Approaches to Global Governance Theory［M］. NY：State University of New York Press.

Ho S，2013. River Politics：China's policies in the Mekong and the Brahmaputra in comparative perspective［J］，Journal of Contemporary China，23（85）：1-20.

Jones B，Steven D，O'Brien，E，2014. Fueling a New Order? the New Geopolitical and Security Consequences of Energy［M］. Washington DC：Brookings.

Keohane R，Milner H，1996. Internationalization and Domestic Politics［M］.

Cambridge: Cambridge University Press.

Keohane R, 1984. After Hegemony: Cooperation and Discord in the World Economy, Princeton [M] . NJ: Princeton University Press.

Kinna, Rémy, 2017. The Governance Regime of the Mekong River Basin: Can the Global Water Conventions Strengthen the 1995 Mekong Agreement? [J] . Brill Research Perspectives in International Water Law, 2 (1): 1-84.

Kutting G, Lipschutz R, 2009. Environmental Governance: Power and Knowledge in a local-global world [M] . New York: Routledge.

Ministry of Foreign Affairs of Japan, 2016. White Paper on Development Cooperation 2015: Japan's International Cooperation [R/OL] . https://www.mofa.go.jp/policy/oda/page23e_000436.html.

Misiagiewicz J, Misiagiewicz M, 2016. China's "One Belt, One Road" Initiative-the Perspective of the European Union. Annales UMCS, Sectio K (Politologia), 23 (1): 33-42.

Northrop E, 2016. Examining the Alignment between the Intended Nationally Determined Contributions and Sustainable Development Goals [M] . Washington DC: World Resources, Working Paper Institute.

Ou C, Montaña C G, Winemiller K O, 2017. Body size–trophic position relationships among fishes of the lower Mekong basin [J], Royal Society Open Science, 4 (1): 1-11.

Ratner B D, 2003. The politics of regional governance in the Mekong River Basin [J] . Global Change, Peace & Security, 15 (1): 59-76.

Sabo J L, Ruhi A, Holtgrieve G W, *et al*, 2017. Designing river flows to improve food security futures in the Lower Mekong Basin [J] . Science, 358 (6368), eaao1053.

Schmidt-Traub G, Kroll C, Teksoz K, *et al.*, 2017. National baselines for the Sustainable Development Goals assessed in the SDG Index and Dashboards. Nature Geoscience, 10 (8): 547-555.

Stone, R, 2016. Dam-building threatens Mekong fisheries [J] . Science, 354

（6316）：1084-1085.

Subedi S，1999. Hydro-Diplomacy in South Asia：The Conclusion of the Mahakali and Ganges River Treaties［J］. American Journal of International Law，93（4）：935-953.

Sustainable Development Solutions Network，2016. SDG Index and Dashboards：A Global Report［R］. Hong Kong：SDSN.

Sustainable Development Solutions Network，2017. SDG Index and Dashboards：A Global Report［R］. Hong Kong：SDSN.

Sustainable Development Solutions Network，2018. SDG Index and Dashboards：A Global Report［R］. Hong Kong：SDSN

UNDP，Rapid Integrated Assessment – Cambodia SDG Profile［RloL］.（2016-10-07）［2021-07-16］，2016，available at https://data.opendevelopmentmekong.net/dataset/f586746e-96df-4e8a-b20a-29a2776920c1/resource/bb599fd8-4038-4c21-bf29-6c21415e4298/download/ria_cambodia_analysis_07oct2016.pdf.

United Nations，2015. Adoption of the Paris Agreement. 21st Conference of the Parties［R］. Paris：United Nations.

Vaidyanathan G，2011. Dam Controversy：Remaking the Mekong［J］. Nature，478（7369）：305-307.

World Bank，2017. Systematic Country Diagnostic：Cambodia—Sustaining Strong growth for the Benefit of All［R］. Washington DC：World Bank Publications.

Yu H，2017. Motivation behind China's 'One Belt，One Road' Initiatives and Establishment of the Asian Infrastructure Investment Bank［J］. Journal of Contemporary China，26（105）：353-368.

奥兰·扬，2007. 世界事务中的治理［M］. 陈玉刚，薄燕，译. 上海：上海人民出版社.

包广将，2014. 湄公河安全合作中的信任元素与中国的战略选择［J］. 亚非纵横，（3）34-44.

保罗·肯尼迪，1988. 大国的兴衰——1500—2000 年的经济变迁与军事冲突［M］. 王保存，译. 北京：求实出版社.

陈丽晖，曾尊固，何大明，2003. 国际河流流域开发中的利益冲突及其关系协调—以澜沧江 - 湄公河为例［J］. 世界地理研究，（1）：71-78.

崔琨，2006. 试析东南亚地区的“中国威胁论”［J］. 亚非纵横，（5）：52-55.

戴维 · 赫尔德，2001. 全球大变革：全球化时代的政治、经济与文化［M］. 杨雪冬，译 . 北京：社会科学文献出版社 .

戴维 · 赫尔德，安东尼 · 麦克格鲁，2004. 治理全球化：权力、权威与全球治理［M］. 北京：社会科学文献出版社 .

戴维 · 兰德斯，2001. 国富国穷［M］. 门洪华，译 . 北京：新华出版社 .

樊瑛，樊慧，2010. 自然资源贸易：全球治理难题 . 国际贸易［J］，（3）：41-46.

弗兰克 · 加朗，2010. 全球水资源危机和中国的“水资源外交”［J］. 和平与发展，（3）：66-68.

郭延军，任娜，2013. 湄公河下游水资源开发与环境保护—各国政策取向与流域治理［J］. 世界经济与政治，（7）：136-154.

郭延军，2015.“一带一路”建设中的中国周边水外交［J］. 亚太安全与海洋研究，（2）：81-93.

郭延军，2011. 大湄公河水资源安全：多层治理及中国的政策选择［J］. 外交评论，（2）:84-97.

郭延军，2014. 权力流散与利益分享—湄公河水电开发新趋势与中国的应对［J］. 世界经济与政治，（10）：117-135.

姜文来，2006. 积极应对“中国环境威胁论”［M］. 资源与人居环境，（13）：1-3.

李志斐，2013. 水与中国周边关系［M］. 北京：时事出版社 .

李志斐，2013. 水资源外交：中国周边安全构建新议题［J］. 学术探索，（4）：28-33.

刘稚，2013. 环境政治视角下的大湄公河次区域水资源合作开发 . 广西大学学报，（5）：1-6.

流域组织国际网，全球水伙伴等，2013. 跨界河流、湖泊与含水层流域水资源综合管理手册［M］. 水利部国际经济技术合作交流中心，译 . 北京：中国水利水电出版社 .

卢光盛，张励，2015. 论“一带一路”框架下澜沧江 - 湄公河“跨界水公共产品”

的供给，复旦国际关系评论，(1)：131-151.
卢光盛，2016. 澜沧江 - 湄公河合作机制与中国—中南半岛经济走廊建设［J］. 东南亚纵横，(6)：31-35.
卢光盛，2012. 地缘政治视野下的西南周边安全与区域合作研究［M］. 北京：人民出版社 .
卢光盛，2017. 湄公河航道的地缘政治经济学：困境与出路［J］. 深圳大学学报（人文社会科学版），(1)：138-145.
吕星，王科，2012. 大湄公河次区域水资源合作开发的现状、问题及对策［M］. 北京：社会科学文献出版社 .
马树洪，2016. 东方多瑙河——澜沧江 - 湄公河流域开发探究［M］. 昆明：云南人民出版社 .
潘德，2010. 有效的多边主义与全球治理［J］. 世界经济与政治，(6)：142-152.
潘家华，陈孜，2016. 2030 年可持续发展的转型议程：全球视野与中国经验［M］. 北京：社会科学文献出版社 .
世界水坝委员会报告，2000. 水坝与发展决策的新框架［M］. 北京：中国环境科学出版社 .
屠酥，胡德坤，2016. 澜湄水资源合作：矛盾与解决路径［J］. 国际问题研究，(3)：51-63.
王建军，2007. 全球化背景下大湄公河次区域水能资源开发与合作［M］. 昆明：云南民族出版社 .
王志芳，2015. 中国建设“一带一路”面临的气候安全风险［J］. 国际政治研究，36（4）：56-72.
邢伟，2016. 水资源治理与澜湄命运共同体建设［J］. 太平洋学报，24（6）：43-53.
杨洁勉，2012. 体系改组与规范重建：中国参与解决全球性问题对策研究［M］. 上海：上海人民出版社 .
杨泽伟，2003. 论国际法上的自然资源永久主权及其发展趋势［J］. 法商研究，(4)：67-75.
于宏源，2013. 浅析非洲的安全纽带威胁与中非合作［J］. 西亚非洲，(6)：114-

128.
于宏源，2008. 权力转移中的能源链及其挑战［J］. 世界经济研究，(2)：31-36，89.
于宏源，2011. 环境变化和权势转移：制度、博弈和应对［M］. 上海：上海人民出版社 .
袁玉平，秦红群，吴涛，2011. 印度尼西亚矿产资源与开发形势分析［J］. 国土资源情报，(7)：44-48.
约翰 · 德赖泽克，2008. 地球政治学：环境话语［M］. 蔺雪春，郭晨星，译 . 济南：山东大学出版社 .
约瑟夫 · 奈，约翰 · 唐纳胡，2003. 全球化世界的治理［M］. 北京：世界知识出版社 .
张励，卢光盛，2015.“水外交”视角下的中国和湄公河国家跨界水资源合作［J］. 东南亚研究，(1)：42-50.
张励，卢光盛，2016. 从应急补水看澜湄合作机制下的跨境水资源合作［J］. 国际展望，(5)：95-112.
中国环境报社，1992. 迈向 21 世纪——联合国环境与发展大会文献汇编［M］. 北京：中国环境科学出版社 .
中国外交部与联合国驻华系统，2015. 中国实施千年发展目标报告（2000—2015 年 ）.［R］［2015-07-23］（2018-10-09），http://www.cn.undp.org/content/china/zh/home/library/mdg/mdgs-report-2015-/.
中华人民共和国国务院新闻办公室，2016. 发展权：中国的理念、实践与贡献 . 北京：人民出版社 .
朱丹丹，孙靓莹，徐奇渊，2016. 重振可持续发展的全球伙伴关系［M］. 北京：社会科学文献出版社 .
邹春萌，2017.“一带一路”背景下中国与湄公河国家产能合作：制约因素与发展途径［J］. 云南大学学报（社会科学版），16（4）：114-121.